怎样应用猪饲养标准与常用饲料成分表

郭艳丽　王克健　编著

金盾出版社

内 容 提 要

本书由甘肃农业大学动物科技学院专家编著，旨在指导养猪专业户正确解析和应用猪的饲养标准和常用饲料成分表。内容包括：猪饲养标准的解析与应用，猪常用饲料成分表的解析与应用，猪配合饲料配方设计，猪配合饲料及其制作，猪配合饲料的质量管理。解析清晰，表述通俗，适合中小养猪场、养猪专业户及中小饲料厂学习使用，亦可供农业院校相关专业师生阅读参考。

图书在版编目(CIP)数据

怎样应用猪饲养标准与常用饲料成分表/郭艳丽，王克健编著.—北京：金盾出版社，2009.6
ISBN 978-7-5082-5682-5

Ⅰ.怎… Ⅱ.①郭…②王… Ⅲ.猪—饲料—配制 Ⅳ.S828.5

中国版本图书馆 CIP 数据核字(2009)第 051808 号

金盾出版社出版、总发行
北京太平路 5 号(地铁万寿路站往南)
邮政编码：100036 电话：68214039 83219215
传真：68276683 网址：www.jdcbs.cn
封面印刷：北京印刷一厂
正文印刷：北京蓝迪彩色印务有限公司
装订：北京蓝迪彩色印务有限公司
各地新华书店经销

开本：850×1168 1/32 印张：7.625 字数：186 千字
2010 年 10 月第 1 版第 7 次印刷
印数：90 001～110 000 册 定价：14.00 元

(凡购买金盾出版社的图书，如有缺页、
倒页、脱页者，本社发行部负责调换)

前　言

饲料是养猪业发展的物质基础，饲料成本占养猪业总成本的70%左右，所以，饲料的质量好坏直接影响到养猪业的水平和效益。猪饲养标准和饲料成分表是配制猪饲料的重要依据，是影响饲料质量的重要因素。在养猪生产中，科学、合理地应用猪饲养标准和饲料成分表，不但可以提高猪的生产水平，而且可以降低成本、提高经济效益。

为适应广大农村养猪业发展的新趋势，进一步推进养猪业的大力发展，我们编写了《怎样应用猪饲养标准与常用饲料成分表》一书。本书紧密围绕猪饲养标准和常用饲料成分表的解析和应用展开，主要包括猪饲养标准的解析与应用、猪常用饲料及其成分表的解析与应用、猪配合饲料配方设计、猪配合饲料及其制作和猪配合饲料的质量管理。本书通俗易懂，简便实用，可供中小养猪场、养猪专业户及中小饲料厂学习使用，亦可供农业院校相关专业师生阅读参考。

当今，饲料科学的发展日新月异，限于水平和时间，错误或不妥之处在所难免，恳请读者批评指正。

编著者

2008年10月

目　录

第一章 猪饲养标准的解析与应用

一、猪饲养标准的概念与表述

(一)猪饲养标准的概念

猪饲养标准是根据大量饲养试验结果和猪生产实践的经验总结,对各种猪所需要的各种营养物质(包括能量、粗蛋白质、氨基酸、矿物元素、维生素、脂肪酸等)作出的规定,这种系统的营养定额及有关资料统称为饲养标准。

一个完整的饲养标准至少包括两部分,一是猪的营养需要量,二是猪的饲料营养成分和营养价值表。每类猪的营养需要量又分别规定了两个标准:一个是日粮标准,规定每头猪每日要喂多少风干饲料,其中包括多少能量、蛋白质、氨基酸、矿物质、维生素和脂肪酸等;另一个是饲粮标准,规定每千克饲粮中应含多少能量、蛋白质、氨基酸、矿物质、维生素和脂肪酸等。在生产实践中,常常是一次配制一定时间或阶段的饲粮,所以往往使用的是饲粮标准,即按照每千克饲粮中含多少营养物质配制。

饲料成分和营养价值是通过对各种饲料的常规成分、氨基酸、矿物质和维生素等成分进行分析化验,经过计算、统计,并在动物的饲喂基础上,对饲料进行营养价值评定之后而综合制定的。它客观的反映了各种饲料的营养成分和营养价值,对饲料资源的合理利用、提高动物的生产性能、降低畜牧生产成本有着重要的作用。具备分析饲粮成分条件的单位,应对所购进的每批饲料做营养成分分析,没有分析条件的,查阅本地区或与本地区自然条件相近似地区的饲料成分及营养价值表。

猪饲养标准是猪营养需要研究应用于猪饲养实践最有权威的表述，反映了猪生存和生产对饲养及营养物质的客观要求，高度概括和总结了营养研究和生产实践的最新进展。

（二）猪饲养标准的表述

饲养标准数值的表达方式大体上有以下几种：

1. 按每头猪每天需要量表示 这是传统饲养标准表述营养定额所采用的表达方式。需要量明确给出了每头猪每天对各种营养物质所需要的绝对数量。对养猪生产者估计饲料供给或对猪群进行严格计量限饲很适用。如我国猪饲养标准(2004 版)20～35 千克阶段的瘦肉型生长肥育猪，每天每头需要消化能 19.15 兆焦(MJ)，粗蛋白质 255 克(g)，钙 8.87 克(g)，总磷 7.58 克(g)，维生素 A2145 国际单位(IU)等。

2. 按单位饲粮中营养物质浓度表示 这是一种用相对单位表示营养需要的表达方式。该表达方式又可分为按风干饲粮基础表示或按全干饲粮基础表示。“标准”中一般给出按特定水分含量表示的风干饲粮基础浓度，如我国猪饲养标准(2004 版)按 88%的干物质浓度给出营养指标定额。按单位浓度表示营养需要，对用自由采食方法饲养动物、饲粮配合、饲料工业生产全价配合饲料十分方便。例如我国猪饲养标准(2004 版)60～90 千克瘦肉型生长肥育猪需要消化能 13.39 兆焦/千克(MJ/kg)，粗蛋白质 14.5%，钙 0.49%，总磷 0.43%，维生素 A 1 300 国际单位/千克(IU/kg)等。

不同饲养标准，表示营养需要的方法基本相同，能量用兆焦/千克(MJ/kg)或千卡/千克(Kcal/kg)表示，粗蛋白质、氨基酸、矿物常量元素用百分数(%)表示，微量元素用毫克/千克(mg/kg)表示，维生素用国际单位、克/千克(g/kg)或毫克/千克(mg/kg)或微克/千克(μg/kg)表示等。

3. 其他表达方式

(1)按单位能量浓度表示　这种表示法有利于衡量猪只采食的营养物质是否平衡。如能量蛋白比、赖氨酸能量比。例如60～90千克瘦肉型生长肥育猪的能量蛋白比为923千焦/%(KJ/%)，赖氨酸能量比为0.53克/兆焦(g/MJ)。

(2)按生产力表示　即动物生产单位产品(肉等)所需要的营养物质数量，例如母猪带仔10～12头，每天需要消化能66.9兆焦(MJ)。

(三)猪饲养标准的种类和选择

猪饲养标准大致可分为两类：一类是国家规定和颁布的饲养标准，称为国家标准；另一类是大型育种公司根据自己培育出的优良品种或品系的特点，制定的符合该品种或品系营养需要的饲养标准，称为专用标准。

选用不同营养需要标准，必须清楚该标准制定的基础和条件与要设计的配方使用条件的差异，尽可能选择差异小的标准使用。如四川猪选用“四川猪饲养标准”，南方猪选用“南方猪饲养标准”为好，也可以选用全国“猪饲养标准”乃至美国NRC、英国ARC等，但这些标准与所涉及猪群的近似程度就要低一些。这主要是因不同地区、不同国家、饲养管理条件、环境卫生条件、猪种的培育条件不同，但最主要是前两个条件差异大。最后一个条件，经在同样条件下研究证明，不同品种之间对营养素的确切需要没有明显差异。正因如此，在手边没有较好“饲养标准”时，借用NRC、ARC尚属可行。不管哪种标准都只能作参考，最后还是根据所涉及猪的具体情况而决定配方营养水平。

(四)猪饲养标准的作用

1. 提高养猪生产效率

饲养标准的科学性和先进性，是保证猪只适宜、快速生长和高产的技术基础。

饲养实践证明，在饲养标准指导下饲养的猪群，可显著提高生长肥育猪的生长速度，饲养周期可以大大缩短，种猪群能显著提高配种繁殖率。与传统用经验养猪相比，生产效率和养猪产品产量提高1倍以上。

2. 提高饲料资源利用效率 利用饲养标准指导饲养猪群，不但合理满足了猪只的营养需要，而且显著节约了饲料，减少了浪费。如用传统饲养方法养2头肥育猪耗用的能量饲料，仅用少量饼(粕)生产成配合饲料后即可饲养3头肥育猪而不需要额外增加能量饲料，大大提高了饲料资源的利用效率。

3. 推动养猪业的发展 饲养标准指导养猪生产的灵活性，即根据猪的品种、具体生产条件等选择应用和调整饲养标准，使养猪者在复杂多变的生产环境中，始终能做到把握好猪生产的主动权，同时通过适宜控制猪的生产性能，合理利用饲料，达到始终保证适宜生产效益的目的，也增加生产者适应生产形势变化的能力，激励饲养者发展养猪生产的积极性。一些经济和科学技术比较发达的国家和地区，猪的饲养量减少，猪肉产量反而增加，明显体现了充分利用饲养标准指导和发展养猪生产的作用。

4. 提高科学养殖水平 饲养标准除了指导饲养者向猪合理供给营养外，也具有帮助饲养者计划和组织饲料供给，科学决策发展规模，提高科学饲养猪群的能力。

二、中国猪的饲养标准解析

1949年以前，我国曾沿用德国Kellner(凯尔纳)饲养标准和美国Morrison(莫礼逊)饲养标准。中华人民共和国成立后改用原苏联饲养标准，对我国影响较大，在我国流行很广。20世纪70年代初又用美国的NRC饲养标准。因此，长期以来没有我国自己的饲养标准。1958年以后,虽有个别单位制定了猪饲养标准,但这些标准仅在一些单位使用,都未经国家主管部门正式批准发布。1978年我国把制定动物饲养标准列入国家重点科研计划,组织全国的有关科技力量,开展了大规模的试验研究。我国肉脂型猪饲养标准的制定,经历了三个阶段,1978年提出饲养标准草案,1978～1980年拟定试行标准,1980～1982年开展大规模试验研究工作。经过几年努力,1982年制定了我国《南方猪的饲养标准》,1983年正式制定了我国《肉脂型猪的饲养标准》。与此前后,一些省也相应地制定了本省的“猪饲养标准”。由于全国改革开放和经济形势的发展,猪肉市场发生了很大变化,人们对瘦肉有更多要求,因此,从1983年起接着又开始了“瘦肉型生长肥育猪饲养标准”的研究和制定工作,工作的重点是20～90千克的商品猪,指标主要是蛋白质、赖氨酸、微量元素硒和锌。1985年,研究工作全部完成,1987年由国家标准局正式颁布中国猪饲养标准(GB 8471－87)。从此,猪的饲养标准是从“无”到“有”,从少数营养指标到多项营养指标。这一《猪饲养标准》的推广,确实对养猪生产与饲料工业发展起了积极作用。随着养猪生产的不断发展,国外优良猪种大量引进,育种理论与技术的深化,猪场经营管理的改进,猪舍环境的改善,防疫制度的加强,猪的营养研究与生产需要的紧密结合,致使养猪生产水平得到进一步提高。第一线的养猪生产者,猪的营养工作者,都明显地感到现行1987版的《猪饲养标准》不能满足需要,需要修订。1999年6月农业部把修订“标准”任务列入日程。经过几年的努力,修订工作顺利完成。我国农业部于2004年8月25日发布,2004年9月1日实施,2005年1月由中国农业出版社以中华人民共和国农业行业标准NY/T 65－2004代替NY/T 65－1987正式发行。主要有“瘦肉型”与“肉脂型”两大类,在参考使用时,一般我国的地方猪种和肉脂兼用型培育品种猪,可使用“肉脂型”标准,而瘦肉型猪种则采用“瘦肉型”标准,养猪场和养猪专业户在配合饲料时应根据其饲养的猪种使用相应的标准，也适用于瘦肉型公猪和本地品种母猪杂交生产的生长肥育猪。

（一）标准中所涉及到的术语及其含义

1. 瘦肉型猪 指瘦肉占胴体重的56%以上，胴体膘厚2.4厘米以下，体长大于胸围15厘米以上的猪。

2. 肉脂型猪 指瘦肉占胴体重的56%以下，胴体膘厚2.4厘米以上，体长大于胸围5～15厘米的猪。

3. 自由采食 指单个猪或群体猪自由接触饲料的行为，是猪在自然条件下采食行为的反映，是猪的本能。

4. 自由采食量 指猪在自由接触饲料的条件下，一定时间内采食饲料的重量。

5. 消化能 从饲料总能中减去粪能后的能值，指饲料可消化养分所含的能量，也称表观消化能。

6. 代谢能 从饲料总能中减去粪能、尿能后的能值，也称表观代谢能。

7. 能量蛋白比 指饲料中消化能和粗蛋白质百分含量的比。

8. 赖氨酸能量比 指饲料中赖氨酸含量与消化能的比。

9. 非植酸磷 饲料中不与植酸成结合状态的磷，即总磷减去植酸磷。

10. 理想蛋白质 指氨基酸组成和比例与动物所需要的氨基酸的组成和比例完全一致的蛋白质，猪对该种蛋白质的利用率为100%。

11. 矿物元素 指饲料或动物组织中的无机元素，以百分数表示者为常量矿物元素，用毫克/千克表示者为微量元素。

12. 维生素 是一族化学结构不同、营养作用和生理功能各异的动物代谢所必需、但需要量极少的低分子有机化合物，以国际单位或克、毫克、微克表示。

13. 中性洗涤纤维　指试样经中性洗涤剂(十二烷基硫酸钠)处理后剩余的不溶性残渣，主要为植物细胞壁成分，包括半纤维素、纤维素、木质素、硅酸盐和很少量的蛋白质。

14. 酸性洗涤纤维　指经中性洗涤剂洗涤后的残渣，再用酸性洗涤剂(十六烷三甲基溴化铵)处理，处理后的不溶性成分，包括纤维素、木质素和硅酸盐。

(二)猪的营养需要

1. 断奶仔猪的营养需要　断奶仔猪是指从断奶至10周龄的仔猪。这个阶段的仔猪具备以下生理特点：代谢旺盛，营养沉积转化能力强，生长发育快；消化器官尚不发达，消化功能尚不健全，体温调节功能低下，抵御严寒能力差；免疫力低等。根据断奶时间的早晚可分为常规断奶、早期断奶和超早期断奶三种。常规断奶指仔猪在5周龄以后断奶，早期断奶指在2～5周龄断奶，超早期断奶指早于2周龄断奶。我国猪饲养标准(2004版)中按体重将断奶仔猪的营养需要分为3～8千克和8～20千克两个阶段。

(1)能量需要　仔猪与犊牛、羔羊、幼兔等不同，褐色脂肪完全没有，白色脂肪很少，新生仔猪体内贮存的脂肪供应能量有限，同时又由于仔猪消化道容积较小，仔猪断奶的应激反应导致采食量下降，使能量缺乏。为克服这些不利因素，须给予高能日粮。实践证明，添加油脂是惟一的办法，油脂不但能提供充足能量，还能延缓食物在胃肠道的排空，增加营养物质在消化道的消化吸收时间，脂肪还是体内必需脂肪酸的来源和脂溶性维生素吸收利用的载体。同时，添加油脂提高了能量蛋白比，相对减少了采食量，可减少蛋白质代谢病的发生。仔猪断奶后1周内，对植物油和动物油的利用率差别很大，主要是植物油中短链不饱和脂肪酸较多，消化率高。4周后两种油脂利用率基本一致。椰子油、黄油和猪油能很好的被仔猪利用，玉米油和豆油次之，牛油效果最差。我国猪饲养标准(2004 版)中规定 3～8 千克和 8～20 千克的仔猪的消化能需要分别为每千克饲粮 14.02 兆焦和 13.6 兆焦。

(2)*蛋白质需要* 仔猪出生后的几天里蛋白质消化吸收能力低,随着对蛋白质消化吸收能力的逐渐增强,对蛋白质的需求也迅速增加,日增重和采食量也呈线性增加。然而研究表明,断奶早期由于饲料中蛋白质抗原作用引起超敏反应,同时消化道发育不健全,胃内 pH 值较高,酶类活性较低,不利于蛋白质的消化吸收,蛋白质会涌向结肠,经细菌作用产生腐败产物,仔猪极易产生腹泻。蛋白质的消化率、适口性、氨基酸平衡和是否有免疫保护是需要考虑的因素。断奶仔猪的第一限制性氨基酸为赖氨酸。研究结果表明,随着赖氨酸的增加,仔猪生长性能提高,饲料转化率改善。我国现行猪饲养标准规定 3～8 千克和 8～20 千克仔猪的粗蛋白质需要分别为 21.0%和 19.0%,赖氨酸需要分别为 1.42%和 1.16%。

(3)*矿物质需要* 仔猪日粮中钙含量必须适中,因为钙有较强的酸结合力,高水平钙会显著降低仔猪断奶后的生产性能,试验表明,钙水平达到 0.8%时骨骼矿化相对达到高峰值。铜作为生长发育阶段不可缺少的微量元素,不但能提高饲料的利用率,还具有明显的促生长和提高免疫能力的作用,早期断奶仔猪应给予充足合理的铜。但考虑到高铜对环境造成的污染等问题,现在不提倡在仔猪饲粮中添加高铜,仅按照饲养标准添加即可。此外,铁、锌、硒等也是必不可少的物质,它们能有效地控制仔猪的腹泻,促进生长,提高日增重和饲料利用率。我国现行猪饲养标准规定 3～8 千克和 8～20 千克仔猪的钙需要量分别为 0.88%和 0.74%,总磷需要量分别为 0.74%和 0.58%,非植酸磷需要量分别为 0.54%和 0.36%,钠需要量在两个阶段分别为 0.25%和 0.15%,钾需要量为 0.30%和 0.26%,其他矿物质包括镁、铜、碘、铁、锰、硒、锌的需要在两个体重阶段相同,分别为 0.04%、6 毫克/千克、0.14 毫克/

千克、105 毫克/千克、4 毫克/千克、0.3 毫克/千克和 110 毫克/千克。

(4)维生素需要 我国现行猪饲养标准规定 3～8 千克和 8～20 千克仔猪的各种维生素需要为每千克饲粮中:维生素 A,2 200 国际单位和 1 800 国际单位;维生素 D_3,220 国际单位和 200 国际单位;维生素 E,16 国际单位和 11 国际单位;维生素 K,均为 0.5 毫克;硫胺素,1.5 毫克和 1.1 毫克;核黄素,4 毫克和 3.5 毫克;泛酸,12 毫克和 10 毫克;烟酸,20 毫克和 15 毫克;吡哆醇,2 毫克和 1.5 毫克;生物素,0.08 毫克和 0.05 毫克;叶酸,均为 0.3 毫克;维生素 B_{12},20 微克和 17.5 微克;胆碱,0.6 克和 0.5 克。

2. 生长肥育猪的营养需要 生长肥育猪是指活重 20～100 千克的猪。猪的肥育是养猪生产的重要环节,也是发展养猪生产的最终目标。如何组织好猪的肥育,达到肥育期短、周期快、肥育效果好、饲养成本低、出栏率高、生产出优质的胴体肉品是饲养肉猪的根本任务。只有保证充足的营养,才能保证猪的正常生长发育和生产性能。生长肥育猪生长强度大,代谢旺盛,对营养的需求高。总体而言,肥育猪在 60 千克以下,以长瘦肉为主,需要较多的蛋白质;肥育后期,长瘦肉的能力逐渐减弱,长脂肪的能力逐渐增强,蛋白质的需要量减少。但为了改善胴体品质,应适当限制能量的供给量。

(1)能量需要 生长肥育猪的能量需要包括 3 个方面:维持需要、瘦肉生长和脂肪沉积。只有维持需要的能量满足以后,能量有多余的情况下,猪才能增重。生长的能量需要指的就是蛋白质和脂肪的沉积所需要的能量。日粮能量水平升高时,能量摄入量就增加,饲料转化率和生长速度也会得到改善。我国猪饲养标准规定瘦肉型生长肥育猪的消化能需要为每千克饲粮 13.39～14.02 兆焦,肉脂型猪为 11.70～13.80 兆焦。猪在生长前期的发育强度大,后期生长强度降低,所以,前期所需的能量高于后期。

瘦肉率越高，达到出栏体重(90 千克)需要的时间越短，对能量的需要量也越多。我国饲养标准中一型(瘦肉率 52%左右，达 90 千克体重时间 175 天左右)、二型(瘦肉率 49%左右，达 90 千克体重时间 185 天左右)、三型(瘦肉率 46%左右，达 90 千克体重时间 200 天左右)肉脂型生长肥育猪的能量营养需要依次降低。

(2)蛋白质需要　生长肥育猪的蛋白质需要最主要是满足体蛋白质的沉积，一小部分用于维持需要。所以，随着猪的生长发育，生长强度逐渐降低，对蛋白质的需要量也逐渐降低。如我国瘦肉型猪饲养标准中从小到大的 5 个阶段，粗蛋白质的需要量分别为 21%、19%、17.8%、16.4%和 14.5%。所以，在生长前期，尤其要注意粗蛋白质的供给。在生长后期，脂肪生长加速，每千克增重所需能量增高，蛋白质需要相对减少，主要保证碳水化合物的供应。另外，猪对日粮蛋白质的需要实际上是对氨基酸的需要，蛋白质利用效率很大程度上取决于蛋白质的品质。蛋白质的品质就是氨基酸的含量和比例，尤其是必需氨基酸的含量和比例。我国猪饲养标准中规定了 12 种氨基酸的需要量，在实际应用时不仅需要按量补充，还需要注意各种氨基酸的配合比例，只有按比例补充，才能真正达到补充的目的。补充第一、第二和第三限制性氨基酸(赖氨酸、蛋氨酸和色氨酸)，是降低粗蛋白质水平(降低 1%～2%)、提高饲料蛋白质和氨基酸利用率最有效最经济的途径。

(3)维生素需要　维生素是猪正常生长发育不可缺少的营养物质，有的维生素组成酶系统，有的则直接参与酶的活动，从而直接参与猪体内的各种代谢活动。当维生素含量不足时，将影响猪的正常生理代谢，造成食欲减退、生长停滞，表现出特有的营养性维生素缺乏症。随着猪的生长发育，对各种维生素的绝对需要量逐渐增加，但维生素在饲粮中的百分比逐渐下降。在现代化、集约化的生产条件下，猪往往接触不到各种青饲料，也就得不到所需要的各种维生素，往往需要人为补充，实践生产中通常是通过预混料的形式进行补充的。

(4)*矿物质需要* 矿物质是猪生命活动过程中所必需的无机营养物质。现代养猪生产中,猪远离自然环境,不能从土壤中得到所需要的矿物质,需要从饲料中提供。生长肥育猪,生长强度大,代谢旺盛,尤其需要注意矿物元素的补充。一般,常量元素单独添加,而微量元素通过预混料的形式添加。钙、磷是骨骼生长最需要的元素,占猪体矿物质元素的70%,生长猪对其需要量较大。二者的比例一般为1.2∶1。其他矿物元素的需要量都较少,作用各异。如钾、钠和氯为电解质元素;铁和铜是仔猪造血和防止营养性贫血的必需元素;碘参与甲状腺素的合成;硒能够维持维生素E的正常功能,防止仔猪腹泻等。

(5)*脂肪酸需要* 脂肪酸尤其是必需脂肪酸对猪体的正常功能和健康具有重要的作用。必需脂肪酸缺乏时常表现为猪皮肤损害,出现角质鳞片,毛细血管变得脆弱,免疫力下降,生长受阻。幼龄、生长迅速的猪反应更敏感。猪能从饲料中获得所需的必需脂肪酸,在常用饲料中必需脂肪酸含量比较丰富,一般不会缺乏。我国猪饲养标准中规定各种猪对亚油酸的需要量为0.1%。

3. 妊娠母猪的营养需要 母猪配种受胎后,即进入妊娠期。妊娠母猪饲养是养猪生产的重要环节之一,其生产性能的高低直接关系到整个生产环节的经济效益。饲养妊娠猪的中心任务是保证胎儿在母体内得到正常的发育,防止流产,能产出健壮、生活力强、大小均匀和初生体重大的仔猪,并保持母猪具有中等体况,保证良好的营养贮备,为产后泌乳奠定基础。妊娠母猪的营养状况不仅影响其生产性能,如产仔数、断奶到再发情时间间隔、利用年限,而且影响到仔猪的生产性能,如初生重、成活率及断奶窝重等。

母猪妊娠后,内分泌活动增强,物质和能量代谢旺盛,对营养物质的利用率显著提高,体内的营养积蓄也比妊娠前为多。对妊娠后期的母猪应特别注意粗蛋白质和矿物质的供给,以满足胎儿的需要。

根据胎儿的发育变化，常将母猪 114 天的妊娠期分为两个阶段，妊娠前期(0～84 天，12 周)和妊娠后期(85 天至分娩)。

(1)能量需要　妊娠母猪能量需要包括维持需要和妊娠需要(子宫生长、胎儿生长发育、母体增重)两部分。妊娠母猪的能量需要量因妊娠所处时期、自身体重、妊娠期目标增重、管理和环境因素而异。就妊娠全期而言，应限制能量摄入量，但能量摄入量过低时，则会导致母猪断奶后发情延迟，并降低了母猪使用年限。

妊娠前期所需要营养主要是用来维持母猪基础代谢、胚胎早期生长需要和营养物质的储备。在此阶段提高饲喂水平可以改善初生仔猪的生产性能，此阶段采食量为 2～2.1 千克/天。此时的营养水平对初生仔猪肌肉纤维的生长及出生后的生长发育很重要。肌肉纤维数量也是决定仔猪出生后生长速度和饲料转化率的重要因子。

妊娠后期，母猪的营养需要随着胎儿的进一步发育而相应增加。如果妊娠后期能量摄入量不足，母猪就会丧失大量脂肪储备，会影响下一周期的繁殖性能。研究表明，若母猪在分娩和哺乳时的背膘厚度分别低于 12 毫米和 10 毫米时，则断奶至发情间隔延长，以后各胎次的窝产仔数减少。

我国猪饲养标准中，瘦肉型妊娠母猪按配种体重分为 3 个类型，120～150 千克(适用于初产母猪和因泌乳期消耗过多的经产母猪)、150～180 千克(适用于自身尚有生长潜力的经产母猪)以及 180 千克以上(指达到标准成年体重的经产母猪)，其消化能需要在妊娠前期分别为 12.75 兆焦/千克、12.35 兆焦/千克和 12.15 兆焦/千克，妊娠后期分别为 12.75 兆焦/千克、12.55 兆焦/千克和 12.55 兆焦/千克；肉脂型妊娠母猪没有分类型和阶段，只有一个能量参考值，消化能需要量为 11.70 兆焦/千克。

(2)蛋白质和氨基酸需要　由于妊娠期蛋白质轻微不足带来的

负面影响,可在哺乳期以超过推荐量的蛋白质水平加以补偿。因此,在日常生产管理中很少发生因蛋白质不足而降低母猪生产性能的情况。我国猪饲养标准规定,妊娠前期母猪在3种类型下(配种体重分别为120～150千克、150～180千克以及180千克以上)的粗蛋白质需要量分别为13%、12%和12%;妊娠后期母猪在3种类型下的粗蛋白质需要量分别比前期各提高了大约1%,分别为14%、13%和12%。肉脂型妊娠母猪的粗蛋白质需要量为13%。

对于妊娠母猪,除了要满足其对粗蛋白质的需要量外,还要考虑粗蛋白质的质量,也就是保证母猪对各种必需氨基酸的需要。妊娠母猪氨基酸需要量由维持需要、母体和胎儿蛋白质沉积需要3部分组成。赖氨酸通常是母猪日粮的第一限制性氨基酸。增加妊娠期间赖氨酸摄入量可提高仔猪初生重和断奶窝重。妊娠期间母猪摄入足够的氨基酸能刺激乳房产生较多的泌乳细胞,摄入不足则会限制乳腺的发育。我国瘦肉型猪饲养标准中,针对配种体重、妊娠期体增重及预期产仔数等的不同,规定了妊娠前期和后期以及3种类型妊娠母猪对12种氨基酸的需要量;在肉脂型饲养标准中没有具体的划分,且只规定了赖氨酸、蛋氨酸+胱氨酸、苏氨酸、色氨酸和异亮氨酸的量。具体的量可参考饲养标准表。

(3)维生素需要 影响母猪繁殖的维生素包括维生素A、生物素、叶酸、维生素C等。近年来的研究表明,在妊娠母猪日粮中补充与繁殖有关的维生素不仅可以满足妊娠母猪的营养需要,保证母猪健康,而且还可以充分发挥母猪的繁殖性能。维生素A参与母猪卵巢发育、卵泡成熟、黄体形成和胚胎发育过程,并能提高胚胎的成活率。母猪缺乏维生素A时,胚胎畸形率、死亡率上升。繁殖母猪的饲粮中添加生物素可缩短断奶至发情天数,增加子宫空间,增强蹄部健康,改善皮肤和被毛状况,从而提高母猪生产效率和使用年限。叶酸对促进胎儿早期生长发育有重要作用,可显著提高胚胎的成活率。其他各种维生素也对妊娠母猪的性能发挥着重要作用。我国猪饲养标准中对4种脂溶性维生素和9种水溶性维生素均给出了参考值，且在妊娠前期和后期的3个类型均相同。肉脂型猪除了在硫胺素、吡哆醇的需要量上大于瘦肉型猪、维生素 D_3 与瘦肉型猪相同(同为180国际单位/千克)外，其余均低于瘦肉型猪。

(4)*矿物质需要* 妊娠母猪对矿物质的需要，决定于妊娠期间体内物质的沉积与其利用效率。日粮中缺钙会影响胎儿的发育和母猪产后的泌乳。我国猪饲养标准中规定，妊娠母猪对钙的需要量为0.68%，总磷为0.54%，非植酸磷为0.32%，钙、磷比为1.26∶1。同时对其他4种常量元素钠、氯、镁、钾和6种微量元素铜、铁、锌、锰、碘、硒的需要量作出了规定。肉脂型猪对各种矿物质的需要量低于瘦肉型猪。

(5)*纤维需要* 研究表明，妊娠母猪在现代养猪生产体系中有效利用高纤维的能力最强，比生长猪能更好的利用高纤维、低能量的日粮，限饲的妊娠母猪比自由采食的生长猪能从纤维性饲料中获取更多的能量。人们对妊娠母猪日粮中添加纤维对母猪和仔猪的影响进行了大量研究。结果表明，妊娠母猪日粮中添加适量的粗纤维可在一定程度上提高母猪的繁殖性能，可以提高妊娠母猪的采食量、妊娠期增重，减少泌乳失重。

4. 泌乳母猪的营养需要 泌乳母猪是指从分娩开始至仔猪断奶这一阶段的母猪。泌乳母猪的营养需要不仅要满足自身的维持需要，更重要的是要满足仔猪对营养的需要。母猪在泌乳期间的日粮需要量要大大超过妊娠期，这是因为，母猪只有吃够一定量的饲料，才能提供泌乳所需要的大量的营养物质。最大限度地提高饲料采食量和总营养食入量，不仅可以充分发挥母猪的泌乳潜力，提高泌乳量，促进仔猪的生长和成活，而且可以使母猪维持良好的体况，确保断奶母猪尽早进入下一个繁殖周期，提高繁殖性能。但如果母猪带仔数小于6头时，应该限制饲喂量，否则母猪会太肥，会影响下一个繁殖期的繁殖性能；带仔大于 8 头的母猪，一般都应自由采食，以尽可能的提高泌乳量。

(1)能量需要　由于对高产母猪选育技术的提高，现代高产母猪的采食量降低，其营养输出远远超过输入，从而导致泌乳期间体重损失（蛋白质和脂肪）过多，其结果是配种间隔延长，断奶后 10 天内发情母猪的比例下降，受胎率下降，胚胎存活率降低。提高能量水平在一定程度上可防止母猪体重损失过多。我国瘦肉型猪饲养标准中对泌乳期母猪的消化能规定为 13.80 兆焦/千克，肉脂型为 13.60 兆焦/千克。在具体的生产实践中，应选择优质玉米，避免选择粗纤维含量高的原料进入日粮。此外，可添加适量油脂(3%～5%)或优质大豆磷脂(4%～6%)，以提高能量水平。在高温应激时，油脂的使用还可以减少体内体增热的影响，降低高温应激对母猪生产的副作用。使用油脂，可以提高日粮能量水平，减少母猪失重，提高乳汁中的脂肪含量，提高弱小仔猪的成活率。但是脂肪添加量高于 5%会降低母猪以后的繁殖性能，并且饲料含脂肪太多成本高，不易贮存。一般脂肪添加量以 2%～3%为宜。

(2)蛋白质和氨基酸需要　泌乳母猪对粗蛋白质的需要包括维持需要和泌乳需要。泌乳期母猪对粗蛋白质的需要取决于泌乳量、乳蛋白质的含量以及饲料蛋白质的利用率。我国猪饲养标准中规定，瘦肉型泌乳母猪分娩体重为 140～180 千克、泌乳期体重变化为 0～10 千克的情况下，每千克饲粮中粗蛋白质含量分别为 17.5%和 18%；而分娩体重为 180～240 千克、泌乳期体重变化为 −7.5 千克和 −15 千克的情况下，每千克饲粮中粗蛋白质含量分别为 18%和 18.5%。肉脂型泌乳母猪没有阶段的划分，对粗蛋白质的需要量为 17.5%。

为了满足猪乳中各种氨基酸的需要，在配制泌乳母猪饲粮时，不仅要考虑母猪对粗蛋白质的需要，也要考虑其对氨基酸的需要。赖氨酸是限制哺乳母猪泌乳的第一限制性氨基酸，为了保证窝仔猪生长速度达 2.5 千克/天，泌乳母猪赖氨酸需要量为 50～55 克/天，对于高产母猪，随着赖氨酸摄入量的增加，母猪的产奶量增加，仔猪增重提高，而母猪自身体重损失减少。目前哺乳母猪的赖氨酸需要量比以前大大提高，是由于已培育出高产的品系，母猪的产奶量明显提高的原因。我国瘦肉型母猪推荐饲粮赖氨酸的水平为 0.88%～0.94%，基本满足了每天 50 克左右的赖氨酸需要量。缬氨酸是近年来受到重视的一个重要氨基酸，缬氨酸与赖氨酸的比值达 1∶1.15～1.20。

(3)*矿物质需要* 猪乳中矿物质约为 0.9%，为保证正常泌乳，必须提供给适量的矿物质。

首先，钙、磷含量要充足，比例要适当。我国猪饲养标准中规定钙的含量在瘦肉型泌乳母猪应为 0.77%，肉脂型泌乳母猪为 0.72%；瘦肉型泌乳母猪和肉脂型泌乳母猪对磷的需要量为 0.62%和 0.58%，有效磷为 0.36%和 0.34%。为提高植酸磷的利用率，可在日粮中添加植酸酶。钙、磷含量过低或比例失调可造成泌乳母猪后肢瘫痪。

母猪长期饲喂低锰日粮将导致发情周期异常和消失、胎儿被吸收、初生仔猪弱小和产奶量下降。近来的研究表明，铁可以提高母猪的繁殖性能，并能提高母乳中铁元素的水平，满足仔猪对铁较高的需要量。严重缺碘的母猪甲状腺肿大，生产无毛弱仔或死仔，表现黏液性水肿及甲状腺肿大和出血症状。铬是近年来受到重视的一种微量元素，铬可以促进母猪产仔率的增加。泌乳母猪对各种微量元素的需要量见相应的饲养标准表。

(4)*维生素需要* 各种维生素不仅是泌乳母猪本身的需要，同时也是乳汁的重要成分，仔猪所需要的维生素几乎全部从母乳中获得。研究表明，夏季母猪日粮中添加一定量的维生素 C(150～200 毫克/千克)可减缓高温应激症；β-胡萝卜素可提高泌乳力及缩短离乳至首次发情间距；维生素 E 可增强机体免疫力和抗氧化功能,减少母猪乳房炎、子宫炎的发生;缺乏时可使仔猪腹泻和断奶成活率降低。生物素广泛参与碳水化合物、脂肪和蛋白质的代谢,生物素缺乏可导致猪发生皮炎或蹄裂。高温环境可使猪肠道细菌合成生物素减少,故在饲料中应补充较多的生物素。维生素D可调节体内钙、磷代谢。其他一些必需维生素如B族、叶酸、泛酸、胆碱等也应适量添加,不可忽视。具体的添加量可以参考相应的饲养标准表。

5. 种公猪的营养需要 种公猪精液品质的好坏直接关系到猪场的生产成绩和经济效益,适宜的营养供给是满足公猪生产所必需的。要使公猪体质健壮、性欲旺盛、精液品质好,就要从各方面保证公猪的营养需要。

(1)能量需要 种公猪的总能量需要包括:维持需要、蛋白质沉积、脂肪沉积、交配活动和精液产生等。种公猪对能量的需要,在非配种期,可在维持需要的基础上提高20%,配种期可在非配种期的基础上再提高25%。另外,种公猪的能量水平要适宜,消化能过高易沉积脂肪,体质过胖,公猪性欲和精液品质下降;能量过低,公猪身体消瘦,精液量减少,精子浓度下降,影响受胎率。我国猪饲养标准中,瘦肉型配种公猪每千克饲粮所需要的消化能为21.70兆焦,肉脂型种公猪在10～20千克、20～40千克和40～70千克体重阶段分别为每千克饲粮中含12.97兆焦、12.55兆焦和12.55兆焦消化能。

(2)蛋白质和氨基酸需要 公猪精液中干物质占5%,蛋白质占干物质的75%。所以饲料中蛋白质的质和量对猪精液的质和量有很大影响。蛋白质和氨基酸能够影响到后备公猪的生长和发育。研究表明,公猪饲喂粗蛋白质水平较低的日粮时,其生长率明显低于饲喂粗蛋白质水平较高日粮者。粗蛋白质水平较高可以提高种公猪的性欲和精子产量。氨基酸水平也影响种公猪的种用性能,在饲喂低赖氨酸水平的饲料时,不仅对公猪的生长率和料肉比有不利影响,而且还延迟了性行为的发育,公猪的第一次射精也相对较晚。我国猪饲养标准中,瘦肉型配种公猪每千克饲粮所需要的粗蛋白质为13.5%,肉脂型种公猪在10~20千克、20~40千克和40~70千克体重阶段分别为18.8%、17.5%和14.6%。

(3)*矿物质需要* 钙和磷是种公猪矿物质营养中最重要的两种。它们能提高生长率、促进骨中矿物质沉积和四肢的坚固。公猪的关节畸形和趾蹄损伤等腿部疾病部分是由于钙、磷营养不足引起的。钙和磷不足使精子发育不全,降低精子活力,死精增加,因此对钙、磷的含量和比例不能忽视。我国种公猪饲养标准中,瘦肉型猪对钙的需要量为0.7%,总磷为0.55%;肉脂型种公猪在10~20千克、20~40千克和40~70千克体重阶段对钙的需要量分别为0.74%、0.64%和0.55%,磷为0.60%、0.55%和0.46%。锌是多种酶的组成成分或激活剂,缺锌会对公猪精子的生成、性器官的发育产生不利影响,缺锌早期出现输精管萎缩,促睾丸素排放减慢,最终可造成性欲减退、精子质量下降、皮肤增厚、皮屑多,严重的在四肢内外侧、肩、阴囊及腹部、眼眶和口腔周围出现丘疹、结痂、龟裂和因擦痒溃破出血。硒作为公猪精子的抗氧化剂影响睾丸和精子的发育进而影响到精子活力。试验表明,在日粮中添加一定量的硒使公猪所产生的精液量、精子密度及精子活力都得到较大提高。铬也对种公猪有一定的影响。试验表明,公猪日粮中添加铬可提高公猪的繁殖潜力。除钙、磷外的矿物质需要见相应的饲养标准表。

(4)*维生素需要* 日粮中添加维生素可以改善代谢、促进生长、提高饲料转化率,改善蹄趾和腿的健康状况等。当日粮中维生素缺乏时,种公猪的繁殖性能下降,性欲降低和精液质量下降;生长发育缓慢、衰弱、步态蹒跚、动作不协调,呼吸道、消化道、生殖道和泌尿道等的上皮组织出现角质化,对外来的感染和细菌等病原微生物侵袭的抵抗力下降从而导致各种疾病。精液中维生素浓度的增加可保护性细胞免受氧化损害。研究表明，每天饲喂维生素，公猪的精液质量和正常的精子数都好于不添加维生素的公猪，特别是炎热的夏天。长期缺乏维生素A，引起睾丸肿胀或萎缩，不能产生精子，失去繁殖能力。瘦肉型种公猪每千克饲粮中维生素A应不少于4 000国际单位。维生素E也影响精液品质，每千克饲粮中维生素E应不少于45国际单位。维生素D对钙、磷代谢有影响，间接影响精液品质，每千克饲粮中维生素D应不少于220国际单位。如果公猪每天有1～2小时日照，就能满足对维生素D的需要。生物素能够增加蹄壁的抗压强度和硬度，并降低蹄后跟组织的硬度等，鉴于腿软和蹄趾损伤对公猪爬跨母猪能力和性欲的显著影响，日粮中添加生物素是一种能够提高整体繁殖性能的潜在途径。饲料中一般添加复合维生素。越来越多的研究表明，猪在应激状况下对维生素的需要增加了。维生素是细胞膜中的抗氧化剂，也是所有细胞膜的构成物质，日粮中添加适量的维生素可以降低应激对公猪精液品质的影响。

6. 后备猪的营养需要　后备猪是指断奶到初配前选留作为种用的猪。培育后备猪的目的是为了获得身体健壮、发育良好、具有品种典型特征和高度种用价值的种猪。后备母猪的营养需要与经产母猪不同，也不同于商品猪。后备母猪的饲养管理状况是影响其繁殖性能的重要因素。必须使后备母猪在尽可能好的膘情下开始它的第一次妊娠。通常，如果后备母猪在第一次受孕或第一次哺乳期间没有足够的脂肪储存，它将耗尽所储存的脂肪以支持胎儿或仔猪的良好发育。结果，母猪在恶劣的膘情下进入第二个繁殖周期，这样便会导致第二窝产仔数少，仔猪发育不良。体脂储存少的后备母猪在繁殖周期中会很快消耗掉其储存体脂，使其繁殖性能降低而遭淘汰，甚至到第三或第四次分娩后繁殖性能已完全丧失。但现在被选作繁殖的后备母猪都具有背膘薄、生长速度快的特点，因此要保证后备母猪繁殖所需的脂肪储备有一定困难，需要提高后备母猪饲料的营养水平，而不能使用与商品猪相同的饲粮。我国猪饲养标准中规定了地方猪种后备母猪每千克饲粮中各养分的需要量，按体重分为10～20千克、20～40千克和40～70千克3个阶段。而瘦肉型后备母猪的饲养标准同生长肥育猪，没有单独的饲养标准。

(三)瘦肉型猪饲养标准

中国瘦肉型猪的饲养标准（NY/T 65－2004）包括生长肥育猪、妊娠母猪、哺乳母猪和种公猪4种猪的营养需要。

1. 生长肥育猪 瘦肉型猪的饲养标准将生长肥育猪的营养需要按体重分为5个阶段，即3～8千克、8～20千克、20～35千克、35～60千克和60～90千克。分别列出了这5个阶段猪的消化能、代谢能、粗蛋白质、12种氨基酸、12种矿物元素、13种维生素和亚油酸的需要量，同时列出了各阶段饲粮的能量蛋白比和赖氨酸蛋白比，每个阶段应达到的平均体重、日增重、采食量和饲料/增重。

表1-1和表1-2为瘦肉型生长肥育猪每千克饲粮养分含量和每日每头养分需要量。

表1-1 瘦肉型生长肥育猪每千克饲粮养分含量

（自由采食，88%干物质）

体重，kg	3～8	8～20	20～35	35～60	60～90
平均体重，kg	5.5	14.0	27.5	47.5	75.0
日增重，kg/d	0.24	0.44	0.61	0.69	0.80
采食量，kg/d	0.30	0.74	1.43	1.90	2.50
饲料/增重	1.25	1.59	2.34	2.75	3.13
消化能，MJ/kg (Kcal/kg)	14.02 (3350)	13.60 (3250)	13.39 (3200)	13.39 (3200)	13.39 (3200)

续表 1-1

体重,kg	3～8	8～20	20～35	35～60	60～90
代谢能,MJ/kg	13.46	13.06	12.86	12.86	12.86
(Kcal/kg)	(3215)	(3120)	(3070)	(3070)	(3070)
粗蛋白质,%	21.0	19.0	17.8	16.4	14.5
能量蛋白比,KJ/%	668	716	752	817	923
(Kcal/%)	(160)	(170)	(180)	(195)	(220)
赖氨酸能量比,g/MJ	1.01	0.85	0.68	0.61	0.53
(g/Mcal)	(4.24)	(3.56)	(2.83)	(2.56)	(2.19)
氨基酸,%					
赖氨酸	1.42	1.16	0.90	0.82	0.70
蛋氨酸	0.40	0.30	0.24	0.22	0.19
蛋+胱氨酸	0.81	0.66	0.51	0.48	0.40
苏氨酸	0.94	0.75	0.58	0.56	0.48
色氨酸	0.27	0.21	0.16	0.15	0.13
异亮氨酸	0.79	0.64	0.48	0.46	0.39
亮氨酸	1.42	1.13	0.85	0.78	0.63
精氨酸	0.56	0.46	0.35	0.30	0.21
缬氨酸	0.98	0.80	0.61	0.57	0.47
组氨酸	0.45	0.36	0.28	0.26	0.21
苯丙氨酸	0.85	0.69	0.52	0.48	0.40
苯丙氨酸+酪氨酸	1.33	1.07	0.82	0.77	0.64
矿物元素,%或每千克饲粮含量					
钙,%	0.88	0.74	0.62	0.55	0.49
总磷,%	0.74	0.58	0.53	0.48	0.43
非植酸磷,%	0.54	0.36	0.25	0.20	0.17
钠,%	0.25	0.15	0.12	0.10	0.10
氯,%	0.25	0.15	0.10	0.09	0.08

续表 1-1

体重,kg	3～8	8～20	20～35	35～60	60～90
镁,%	0.04	0.04	0.04	0.04	0.04
钾,%	0.30	0.26	0.24	0.21	0.18
铜,mg	6.00	6.00	4.50	4.00	3.50
碘,mg	0.14	0.14	0.14	0.14	0.14
铁,mg	105	105	70	60	50
锰,mg	4.00	4.00	3.00	2.00	2.00
硒,mg	0.30	0.30	0.30	0.25	0.25
锌,mg	110	110	70	60	50
维生素和脂肪酸,%或每千克饲粮含量					
维生素 A,IU	2200	1800	1500	1400	1300
维生素 D3,IU	220	200	170	160	150
维生素 E,IU	16	11	11	11	11
维生素 K,mg	0.50	0.50	0.50	0.50	0.50
硫胺素,mg	1.50	1.00	1.00	1.00	1.00
核黄素,mg	4.00	3.50	2.50	2.00	2.00
泛酸,mg	12.00	10.00	8.00	7.50	7.00
烟酸,mg	20.00	15.00	10.00	8.50	7.50
吡哆醇,mg	2.00	1.50	1.00	1.00	1.00
生物素,mg	0.08	0.05	0.05	0.05	0.05
叶酸,mg	0.30	0.30	0.30	0.30	0.30
维生素 B_{12},μg	20.00	17.50	11.00	8.00	6.00
胆碱,g	0.60	0.50	0.35	0.30	0.30
亚油酸,%	0.10	0.10	0.10	0.10	0.10

注:1. 此标准适合于瘦肉率高于56%的公母混养猪群； 2. 矿物质需要量包括饲料原料提供的矿物质量;对于青年公猪和后备母猪,钙、总磷和有效磷的需要量应提高0.05～0.1个百分点。 3. 维生素需要量包括饲料原料中提供的维生素量

表 1-2 瘦肉型生长肥育猪每日每头养分需要量

（自由采食，88%干物质）

体重，kg	3～8	8～20	20～35	35～60	60～90
平均体重，kg	5.5	14.0	27.5	47.5	75.0
日增重，kg/d	0.24	0.44	0.61	0.69	0.80
采食量，kg/d	0.30	0.74	1.43	1.90	2.50
饲料/增重	1.25	1.59	2.34	2.75	3.13
消化能，MJ/d	4.21	10.06	19.15	25.44	33.48
(Kcal/d)	(1005)	(2450)	(4575)	(6080)	(8000)
代谢能，MJ/d	4.04	9.66	18.39	24.43	32.15
(Kcal/d)	(965)	(2310)	(4390)	(5835)	(7675)
粗蛋白质，g/d	63	141	255	312	363
氨基酸，g/d					
赖氨酸	4.3	8.6	12.9	15.6	17.5
蛋氨酸	1.2	2.2	3.4	4.2	4.8
蛋＋胱氨酸	2.4	4.9	7.3	9.1	10.0
苏氨酸	2.8	5.6	8.3	10.6	12.0
色氨酸	0.8	1.6	2.3	2.9	3.3
异亮氨酸	2.4	4.7	6.7	8.7	9.8
亮氨酸	4.3	8.4	12.2	14.8	15.8
精氨酸	1.7	3.4	5.0	5.7	5.5
缬氨酸	2.9	5.9	8.7	10.8	11.8
组氨酸	1.4	2.7	4.0	4.9	5.5
苯丙氨酸	2.6	5.1	7.4	9.1	10.0
苯丙氨酸＋酪氨酸	4.0	7.9	11.7	14.6	16.0
矿物元素，g 或 mg/d					
钙，g	2.64	5.48	8.87	10.45	12.25

续表 1-2

体重,kg	3～8	8～20	20～35	35～60	60～90
总磷,g	2.22	4.29	7.58	9.12	10.75
非植酸磷,g	1.62	2.66	3.58	3.80	4.25
钠,g	0.75	1.11	1.72	1.90	2.50
氯,g	0.75	1.11	1.43	1.71	2.00
镁,g	0.12	0.30	0.57	0.76	1.00
钾,g	0.90	1.92	3.43	3.99	4.50
铜,mg	1.80	4.44	6.44	7.60	8.75
碘,mg	0.04	0.10	0.20	0.27	0.35
铁,mg	31.50	77.70	100.10	114.00	125.00
锰,mg	1.20	2.96	4.29	3.80	5.00
硒,mg	0.09	0.22	0.43	0.48	0.63
锌,mg	33.00	81.40	100.10	114.00	125.00
维生素和脂肪酸,IU、g、mg 或 μg/d					
维生素 A,IU	660	1330	2145	2660	3250
维生素 D_3,IU	66	148	243	304	375
维生素 E,IU	5	8.5	16	21	28
维生素 K,mg	0.15	0.37	0.72	0.95	1.25
硫胺素,mg	0.45	0.74	1.43	1.90	2.50
核黄素,mg	1.20	2.59	3.58	3.80	5.00
泛酸,mg	3.60	7.40	11.44	14.25	17.5
烟酸,mg	6.00	11.10	14.30	16.15	18.75
吡哆醇,mg	0.60	1.11	1.43	1.90	2.50
生物素,mg	0.02	0.04	0.07	0.10	0.13
叶酸,mg	0.09	0.22	0.43	0.57	0.75
维生素 B_{12},μg	6.00	12.95	15.73	15.20	15.00

续表 1-2

体重，kg	3～8	8～20	20～35	35～60	60～90
胆碱，g	0.18	0.37	0.50	0.57	0.75
亚油酸，g	0.30	0.74	1.43	1.90	2.50

注：1. 此标准适合于瘦肉率高于 56% 的公母混养猪群； 2. 矿物质需要量包括饲料原料提供的矿物质量；对于青年公猪和后备母猪，钙、总磷和有效磷的需要量应提高 0.05～0.1 个百分点。 3. 维生素需要量包括饲料原料中提供的维生素量

2. 妊娠母猪　瘦肉型妊娠母猪标准中将猪分为妊娠前期和妊娠后期，两期又均按体重分为 3 个类型，120～150 千克、150～180 千克及大于 180 千克。除营养指标与生长肥育猪完全相同外，列出了每个阶段妊娠母猪的预期窝产仔数。在营养需要上，两期 3 个类型对矿物元素、维生素和脂肪酸（亚油酸）的需要量相同。表 1-3 为瘦肉型妊娠母猪每千克饲粮养分含量。

表 1-3　瘦肉型妊娠母猪每千克饲粮养分含量　（88%干物质）

妊娠期	妊娠前期			妊娠后期		
配种体重，kg	120～150	150～180	＞180	120～150	150～180	＞180
预期窝产仔数	10	11	11	10	11	11
采食量，kg/d	2.10	2.10	2.00	2.60	2.80	3.00
消化能，MJ/kg	12.75	12.35	12.15	12.75	12.55	12.55
（Kcal/kg）	(3050)	(2950)	(2950)	(3050)	(3000)	(3000)
代谢能，MJ/kg	12.25	11.85	11.65	12.25	12.05	12.05
（Kcal/kg）	(2930)	(2830)	(2830)	(2930)	(2880)	(2880)
粗蛋白质，%	13.0	12.0	12.0	14.0	13.0	12.0
能量蛋白比，KJ/%	981	1029	1013	911	965	1045
（Kcal/%）	(235)	(246)	(246)	(218)	(231)	(250)
赖氨酸能量比，g/MJ	0.42	0.40	0.38	0.42	0.41	0.38
（g/Kcal）	(1.74)	(1.67)	(1.58)	(1.74)	(1.70)	(1.60)

续表 1-3

妊娠期	妊娠前期			妊娠后期		
配种体重,kg	120～150	150～180	＞180	120～150	150～180	＞180
		氨基酸,%				
赖氨酸	0.53	0.49	0.46	0.53	0.51	0.48
蛋氨酸	0.14	0.13	0.12	0.14	0.13	0.12
蛋＋胱氨酸	0.34	0.32	0.31	0.34	0.33	0.32
苏氨酸	0.40	0.39	0.37	0.40	0.40	0.38
色氨酸	0.10	0.09	0.09	0.10	0.09	0.09
异亮氨酸	0.29	0.28	0.26	0.29	0.29	0.27
亮氨酸	0.45	0.41	0.37	0.45	0.42	0.38
精氨酸	0.06	0.02	0.00	0.06	0.02	0.00
缬氨酸	0.35	0.32	0.30	0.35	0.33	0.31
组氨酸	0.17	0.16	0.15	0.17	0.17	0.16
苯丙氨酸	0.29	0.27	0.25	0.29	0.28	0.26
苯丙氨酸＋酪氨酸	0.49	0.45	0.43	0.49	0.47	0.44
		矿物元素,%或每千克饲粮含量				
钙,%			0.68			
总磷,%			0.54			
非植酸磷,%			0.32			
钠,%			0.14			
氯,%			0.11			
镁,%			0.04			
钾,%			0.18			
铜,mg			5.0			
碘,mg			0.13			
铁,mg			75.0			

续表 1-3

妊娠期	妊娠前期			妊娠后期		
配种体重,kg	120～150	150～180	>180	120～150	150～180	>180
锰,mg			18.0			
硒,mg			0.14			
锌,mg			45.0			
维生素和脂肪酸,%或每千克饲粮含量						
维生素 A,IU			3620			
维生素 D_3,IU			180			
维生素 E,IU			40			
维生素 K,mg			0.50			
硫胺素,mg			0.90			
核黄素,mg			3.40			
泛酸,mg			11			
烟酸,mg			9.05			
吡哆醇,mg			0.90			
生物素,mg			0.19			
叶酸,mg			1.20			
维生素 B_{12},μg			14			
胆碱,g			1.15			
亚油酸,%			0.10			

注:妊娠前期指妊娠前 12 周,妊娠后期指妊娠后 4 周;“120～150 千克”阶段适用于初产母猪和因泌乳期消耗过度的经产母猪,“150～180 千克”阶段适用于自身尚有生长潜力的经产母猪,“180 千克以上”指达到标准成年体重的经产母猪,其对养分的需要量不随体重增长而变化。矿物质需要量包括饲料原料中提供的矿物质;维生素需要量包括饲料原料中提供的维生素

3. 泌乳母猪 瘦肉型泌乳母猪首先按照分娩体重分为 2 个类型,140～180 千克和 180～240 千克,然后根据泌乳期体重的变

化分为分娩前期体重不变和失重10千克的情况；分娩后期失重7.5千克和失重15千克的情况，共4种营养需要。四种情况下母猪对矿物元素、维生素和脂肪酸(亚油酸)的需要量给出的参考值相同。表1-4为瘦肉型泌乳母猪每千克饲粮养分含量。

表1-4　瘦肉型泌乳母猪每千克饲粮养分含量　(88%干物质)

分娩体重,kg	140～180		180～240	
泌乳期体重变化,kg	0.0	−10.0	−7.5	−15
哺乳窝仔数	9	9	10	10
采食量,kg/d	5.25	4.65	5.65	5.20
消化能,MJ/kg	13.80	13.80	13.80	13.80
(Kcal/kg)	(3300)	(3300)	(3300)	(3300)
代谢能,MJ/kg	13.25	13.25	13.25	13.25
(Kcal/kg)	(3170)	(3170)	(3170)	(3170)
粗蛋白质,%	17.5	18.0	18.0	18.5
能量蛋白比,KJ/%	789	767	767	746
(Kcal/%)	(189)	(183)	(183)	(178)
赖氨酸能量比,g/MJ	0.64	0.67	0.66	0.68
(g/Kcal)	(2.67)	(2.82)	(2.76)	(2.85)
氨基酸,%				
赖氨酸	0.88	0.93	0.91	0.94
蛋氨酸	0.22	0.24	0.23	0.24
蛋+胱氨酸	0.42	0.45	0.44	0.45
苏氨酸	0.56	0.59	0.58	0.60
色氨酸	0.16	0.17	0.17	0.18
异亮氨酸	0.49	0.52	0.51	0.53
亮氨酸	0.95	1.01	0.98	1.02
精氨酸	0.48	0.48	0.47	0.47

续表 1-4 （88%干物质）

分娩体重,kg	140～180		180～240	
缬氨酸	0.74	0.79	0.77	0.81
组氨酸	0.34	0.36	0.35	0.37
苯丙氨酸	0.47	0.50	0.48	0.50
苯丙氨酸＋酪氨酸	0.97	1.03	1.00	1.04
矿物元素,%或每千克饲粮含量				
钙,%			0.77	
总磷,%			0.62	
非植酸磷,%			0.36	
钠,%			0.21	
氯,%			0.16	
镁,%			0.04	
钾,%			0.21	
铜,mg			5.0	
碘,mg			0.14	
铁,mg			80.0	
锰,mg			20.5	
硒,mg			0.15	
锌,mg			51.0	
维生素和脂肪酸,%或每千克饲粮含量				
维生素 A,IU			2050	
维生素 D_3,IU			205	
维生素 E,IU			45	
维生素 K,mg			0.5	
硫胺素,mg			1.00	
核黄素,mg			3.85	

续表 1-4 （88%干物质）

分娩体重，kg	140～180	180～240
泛酸，mg	12	
烟酸，mg	10.25	
吡哆醇，mg	1.00	
生物素，mg	0.21	
叶酸，mg	1.35	
维生素 B_{12}，μg	15.0	
胆碱，g	1.00	
亚油酸，%	0.10	

注：由于国内缺乏哺乳母猪的试验数据，消化能和氨基酸是根据国内一些企业的经验数据和 NRC(1998)的泌乳模型得到的

4. 配种公猪 表 1-5 为配种公猪每千克饲粮和每日养分需要量。

表 1-5 配种公猪每千克饲粮和每日养分需要量 （88%干物质）

需要量	每千克饲粮含量	每日需要量
饲粮消化能含量，MJ/kg(Kcal/kg)	12.95(3100)	12.95(3100)
饲粮代谢能含量，MJ/kg(Kcal/kg)	12.45(2975)	12.45(2975)
消化能摄入量 MJ/kg(Kcal/kg)	21.70(6820)	21.70(6820)
代谢能摄入量 MJ/kg(Kcal/kg)	20.85(6545)	20.85(6545)
采食量，kg/d	2.2	2.2
粗蛋白质，%	13.50	13.50
能量蛋白比，KJ/%(Kcal/%)	959(230)	959(230)
赖氨酸能量比，g/MJ(g/Kcal)	0.42(1.78)	0.42(1.78)
	氨基酸	
赖氨酸	0.55%	12.1g

续表 1-5

需要量	每千克饲粮含量	每日需要量
蛋氨酸	0.15%	3.31g
蛋＋胱氨酸	0.38%	8.4g
苏氨酸	0.46%	10.1g
色氨酸	0.11%	2.4g
异亮氨酸	0.32%	7.0g
亮氨酸	0.47%	10.3g
精氨酸	0.00%	0.0g
缬氨酸	0.36%	7.9g
组氨酸	0.17%	3.7g
苯丙氨酸	0.30%	6.6g
苯丙氨酸＋酪氨酸	0.52%	11.4g
	矿物元素	
钙	0.70%	15.4g
总磷	0.55%	12.1g
非植酸磷	0.32%	7.04g
钠	0.14%	3.08g
氯	0.11%	2.42g
镁	0.04%	0.88g
钾	0.20%	4.40g
铜	5mg	11.0mg
碘	0.15mg	0.33mg
铁	80mg	176.00mg
锰	20mg	44.00mg
硒	0.15mg	0.33mg
锌	75mg	165mg

续表 1-5

需要量	每千克饲粮含量	每日需要量
维生素和脂肪酸		
维生素 A	4000 IU	8800 IU
维生素 D_3	220 IU	485 IU
维生素 E	45 IU	100 IU
维生素 K	0.50mg	1.10mg
硫胺素	1.0mg	2.20mg
核黄素	3.5mg	7.70mg
泛酸	12mg	26.4mg
烟酸	10mg	22mg
吡哆醇	1.0mg	2.20mg
生物素	0.20mg	0.44mg
叶酸	1.30mg	2.86mg
维生素 B_{12}	15μg	33μg
胆碱	1.25g	2.75g
亚油酸	0.1%	2.2g

注：需要量的确定是以每日采食 2.2 千克饲粮为基础，采食量根据公猪的体重和期望的增重进行调整。粗蛋白质需要量是以玉米－豆粕日粮为基础确定的

(四)肉脂型猪饲养标准

中国肉脂型猪的饲养标准（NY/T 65－2004）列出了生长肥育猪、妊娠母猪、哺乳母猪、后备母猪和种公猪的营养需要。

1. 肉脂型生长肥育猪 表 1-6 至表 1-11 为肉脂型生长肥育猪的营养需要。

表 1-6　肉脂型生长肥育猪每千克饲粮养分含量

（一型标准，自由采食，88%干物质）

体重，kg	5～8	8～15	15～30	30～60	60～90
日增重，kg/d	0.22	0.38	0.50	0.60	0.70
采食量，kg/d	0.40	0.87	1.36	2.02	2.94
饲料/增重	1.80	2.30	2.73	3.35	4.20
消化能，MJ/kg	13.80	13.60	12.95	12.95	12.95
(Kcal/kg)	(3300)	(3250)	(3100)	(3100)	(3100)
粗蛋白质，%	21.0	18.2	16.0	14.0	13.0
能量蛋白比，KJ/%	657	747	810	925	996
(Kcal/%)	(157)	(179)	(194)	(221)	(238)
赖氨酸能量比，g/MJ	0.97	0.77	0.66	0.53	0.46
(g/Kcal)	(4.06)	(3.23)	(2.75)	(2.23)	(1.94)
氨基酸，%					
赖氨酸	1.34	1.05	0.85	0.69	0.60
蛋十胱氨酸	0.65	0.53	0.43	0.38	0.34
苏氨酸	0.77	0.62	0.50	0.45	0.39
色氨酸	0.19	0.15	0.12	0.11	0.11
异亮氨酸	0.73	0.59	0.47	0.43	0.37
矿物元素，%或每千克饲粮含量					
钙，%	0.86	0.74	0.64	0.55	0.46
总磷，%	0.67	0.60	0.55	0.46	0.37
非植酸磷，%	0.42	0.32	0.29	0.21	0.14
钠，%	0.20	0.15	0.09	0.09	0.09
氯，%	0.20	0.15	0.07	0.07	0.07
镁，%	0.04	0.04	0.04	0.04	0.04
钾，%	0.29	0.26	0.24	0.21	0.16

续表 1-6

体重,kg	5～8	8～15	15～30	30～60	60～90
铜,mg	6.00	5.5	4.6	3.7	3.0
铁,mg	100	92	74	55	37
碘,mg	0.13	0.13	0.13	0.13	0.13
锰,mg	4.00	3.00	3.00	2.00	2.00
硒,mg	0.30	0.27	0.23	0.14	0.09
锌,mg	100	90	75	55	45
维生素和脂肪酸,%或每千克饲粮含量					
维生素 A,IU	2100	2000	1600	1200	1200
维生素 D_3,IU	210	200	180	140	140
维生素 E,IU	15	15	10	10	10
维生素 K,mg	0.50	0.50	0.50	0.50	0.50
硫胺素,mg	1.50	1.00	1.00	1.00	1.00
核黄素,mg	4.00	3.5	3.0	2.0	2.0
泛酸,mg	12.00	10.00	8.00	7.00	6.00
烟酸,mg	20.00	14.00	12.0	9.00	6.50
吡哆醇,mg	2.00	1.50	1.50	1.00	1.00
生物素,mg	0.08	0.05	0.05	0.05	0.05
叶酸,mg	0.30	0.30	0.30	0.30	0.30
维生素 B_{12},μg	20.00	16.50	14.50	10.00	5.00
胆碱,g	0.50	0.40	0.30	0.30	0.30
亚油酸,%	0.10	0.10	0.10	0.10	0.10

注:一型标准,指瘦肉率52%左右,达90千克体重时间175天左右。粗蛋白质的需要量原则上是以玉米一豆粕日粮满足可消化氨基酸需要而确定的。为克服早期断奶给仔猪带来的应激,5～8千克阶段使用了较多的动物蛋白和乳制品

表 1-7　肉脂型生长肥育猪每日每头养分需要量

（一型标准，自由采食，88%干物质）

体重，kg	5～8	8～15	15～30	30～60	60～90
日增重，kg/d	0.22	0.38	0.50	0.60	0.70
采食量，kg/d	0.40	0.87	1.36	2.02	2.94
饲料/增重	1.80	2.30	2.73	3.35	4.20
消化能，MJ/kg	13.80	13.60	12.95	12.95	12.95
(Kcal/kg)	(3300)	(3250)	(3100)	(3100)	(3100)
粗蛋白质，%	84	158.3	217.6	282.8	383.2
氨基酸，g/d					
赖氨酸	5.4	9.1	11.6	13.9	17.6
蛋＋胱氨酸	2.6	4.6	5.8	7.7	10.0
苏氨酸	3.1	5.4	6.8	9.1	11.5
色氨酸	0.8	1.3	1.6	2.2	3.2
异亮氨酸	2.9	5.1	6.4	8.7	10.9
矿物元素，g 或 mg/d					
钙，g	3.4	6.4	8.7	11.1	13.5
总磷，g	2.7	5.2	7.5	9.3	10.9
非植酸磷，g	1.7	2.8	3.9	4.2	4.1
钠，g	0.8	1.3	1.2	1.8	2.6
氯，g	0.8	1.3	1.0	1.4	2.1
镁，g	0.2	0.3	0.5	0.8	1.2
钾，g	1.2	2.3	3.3	4.2	4.7
铜，mg	2.4	4.79	6.12	8.08	8.82
铁，mg	40.0	80.04	100.64	111.10	108.78
碘，mg	0.05	0.11	0.18	0.26	0.38
锰，mg	1.60	2.61	4.08	4.04	5.88

续表 1-7

体重,kg	5～8	8～15	15～30	30～60	60～90
硒,mg	0.12	0.22	0.34	0.30	0.29
锌,mg	40.0	78.3	102、0	111.1	132.3
维生素和脂肪酸,IU、g、mg或μg/d					
维生素A,IU	840.0	1740.0	2176.0	2424.0	3528.0
维生素D_3,IU	84.0	174.0	244.8	282.8	411.6
维生素E,IU	6.0	13.1	13.6	20.2	29.4
维生素K,mg	0.2	0.4	0.7	1.0	1.5
硫胺素,mg	0.6	0.9	1.4	2.0	2.9
核黄素,mg	1.6	3.0	4.1	4.0	5.9
泛酸,mg	4.8	8.7	10.9	14.1	17.6
烟酸,mg	8.0	12.2	16.3	18.2	19.1
吡哆醇,mg	0.8	1.3	2.0	2.0	2.9
生物素,mg	0.0	0.0	0.1	0.1	0.1
叶酸,mg	0.1	0.3	0.4	0.6	0.9
维生素B_{12},μg	8.0	14.4	19.7	20.2	14.7
胆碱,g	0.2	0.3	0.4	0.6	0.9
亚油酸,%	0.4	0.9	1.4	2.0	2.9

注:一型标准,指瘦肉率52%左右,达90千克体重时间175天左右。粗蛋白质的需要量原则上是以玉米—豆粕日粮满足可消化氨基酸需要而确定的。为克服早期断奶给仔猪带来的应激,5～8千克阶段使用了较多的动物蛋白和乳制品

表 1-8　肉脂型生长肥育猪每千克饲粮养分含量

（二型标准，自由采食，88%干物质）

体重，kg	5～8	8～15	15～30	30～60	60～90
日增重，kg/d	0.22	0.34	0.45	0.55	0.65
采食量，kg/d	0.40	0.87	1.30	1.96	2.89
饲料/增重	1.80	2.55	2.90	3.55	4.45
消化能，MJ/kg	13.80	13.30	12.25	12.25	12.25
(Kcal/kg)	(3300)	(3180)	(2930)	(2930)	(2930)
粗蛋白质，%	21.0	17.5	16.0	14.0	13.0
能量蛋白比，KJ/%	657	760	766	875	942
(Kcal/%)	(157)	(182)	(183)	(209)	(225)
赖氨酸能量比，g/MJ	0.97	0.74	0.65	0.53	0.46
(g/Kcal)	(4.06)	(3.11)	(2.73)	(2.23)	(1.94)
氨基酸，%					
赖氨酸	1.34	0.99	0.80	0.65	0.56
蛋+胱氨酸	0.65	0.56	0.40	0.35	0.32
苏氨酸	0.77	0.64	0.48	0.41	0.37
色氨酸	0.19	0.18	0.12	0.11	0.10
异亮氨酸	0.73	0.54	0.45	0.40	0.34
矿物元素，%或每千克饲粮含量					
钙，%	0.86	0.72	0.62	0.53	0.44
总磷，%	0.67	0.58	0.53	0.44	0.35
非植酸磷，%	0.42	0.31	0.27	0.20	0.13
钠，%	0.20	0.14	0.09	0.09	0.09
氯，%	0.20	0.14	0.07	0.07	0.07
镁，%	0.04	0.04	0.04	0.04	0.04
钾，%	0.29	0.25	0.23	0.20	0.15

续表 1-8

体重,kg	5～8	8～15	15～30	30～60	60～90
铜,mg	6.00	5.0	4.0	3.0	3.0
铁,mg	100	90	70	55	35
碘,mg	0.13	0.12	0.12	0.12	0.12
锰,mg	4.00	3.00	2.50	2.00	2.00
硒,mg	0.30	0.26	0.22	0.13	0.09
锌,mg	100	90	70	53	44
维生素和脂肪酸,%或每千克饲粮含量					
维生素 A,IU	2100	1900	1550	1150	1150
维生素 D_3,IU	210	190	170	130	130
维生素 E,IU	15	15	10	10	10
维生素 K,mg	0.50	0.45	0.45	0.45	0.45
硫胺素,mg	1.50	1.00	1.00	1.00	1.00
核黄素,mg	4.00	3.0	2.5	2.0	2.0
泛酸,mg	12.00	10.00	8.00	7.00	6.00
烟酸,mg	20.00	14.00	12.0	9.00	6.50
吡哆醇,mg	2.00	1.50	1.50	1.00	1.00
生物素,mg	0.08	0.05	0.04	0.04	0.04
叶酸,mg	0.30	0.30	0.30	0.30	0.30
维生素 B_{12},μg	20.00	15.00	13.00	10.00	5.00
胆碱,g	0.50	0.40	0.30	0.30	0.30
亚油酸,%	0.10	0.10	0.10	0.10	0.10

注:二型标准,指瘦肉率 49%左右,达 90 千克体重时间 185 天左右。5～8 千克阶段的各种营养需要同一型标准

表 1-9　肉脂型生长肥育猪每日每头养分需要量

（二型标准，自由采食，88%干物质）

体重，kg	5～8	8～15	15～30	30～60	60～90
日增重，kg/d	0.22	0.34	0.45	0.55	0.65
采食量，kg/d	0.40	0.87	1.30	1.96	2.89
饲料/增重	1.80	2.55	2.90	3.35	4.45
消化能，MJ/kg	13.80	13.30	12.25	12.25	12.25
(Kcal/kg)	(3300)	(3180)	(2930)	(2930)	(2930)
粗蛋白质，g/d	84.0	152.3	208.0	274.4	375.7
			氨基酸，g/d		
赖氨酸	5.4	8.6	10.4	12.7	16.2
蛋＋胱氨酸	2.6	4.9	5.2	6.9	9.2
苏氨酸	3.1	5.6	6.2	8.0	10.7
色氨酸	0.8	1.6	1.6	2.2	2.9
异亮氨酸	2.9	4.7	5.9	7.8	9.8
			矿物元素，g 或 mg/d		
钙，g	3.4	6.3	8.1	10.4	12.7
总磷，g	2.7	5.0	6.9	8.6	10.1
非植酸磷，g	1.7	2.7	3.5	3.9	3.8
钠，g	0.8	1.2	1.2	1.8	2.6
氯，g	0.8	1.2	0.9	1.4	2.0
镁，g	0.2	0.3	0.5	0.8	1.2
钾，g	1.2	2.2	3.0	3.9	4.3
铜，mg	2.4	4.4	5.2	5.9	8.7
铁，mg	40.0	78.3	91.0	107.8	101.2
碘，mg	0.05	0.1	0.2	0.2	0.3
锰，mg	1.60	2.6	3.3	3.9	5.8

续表 1-9

体重,kg	5～8	8～15	15～30	30～60	60～90
硒,mg	0.12	0.2	0.3	0.3	0.3
锌,mg	40.0	78.3	91.0	103.9	127.2
维生素和脂肪酸,IU、g、mg 或 μg/d					
维生素 A,IU	840.0	1653	2015	2254	3324
维生素 D_3,IU	84.0	165	221	255	376
维生素 E,IU	6.0	13.1	13.0	19.6	28.9
维生素 K,mg	0.2	0.4	0.6	0.9	1.3
硫胺素,mg	0.6	0.9	1.3	2.0	2.9
核黄素,mg	1.6	2.6	3.3	3.9	5.8
泛酸,mg	4.8	8.7	10.4	13.7	17.3
烟酸,mg	8.0	12.16	15.6	17.6	18.79
吡哆醇,mg	0.8	1.3	2.0	2.0	2.9
生物素,mg	0.0	0.0	0.1	0.1	0.1
叶酸,mg	0.1	0.3	0.4	0.6	0.9
维生素 B_{12},μg	8.0	13.1	16.9	19.6	14.5
胆碱,g	0.2	0.3	0.4	0.6	0.9
亚油酸,g	0.4	0.9	1.3	2.0	2.9

注:二型标准,指瘦肉率 49%左右,达 90 千克体重时间 185 天左右。5～8 千克阶段的各种营养需要同一型标准

表 1-10　肉脂型生长肥育猪每千克饲粮养分含量

（三型标准，自由采食，88%干物质）

体重，kg	5～8	8～15	15～30	30～60	60～90
日增重，kg/d	0.22	0.34	0.40	0.50	0.59
采食量，kg/d	0.40	0.87	1.28	1.95	2.92
饲料/增重	1.80	2.55	3.20	3.90	4.95
消化能，MJ/kg	13.80	13.30	11.70	11.70	11.70
(Kcal/kg)	(3300)	(3180)	(2800)	(2800)	(2800)
粗蛋白质，%	21.0	17.5	15.0	14.0	13.0
能量蛋白比，KJ/%	657	760	780	835	900
(Kcal/%)	(157)	(182)	(187)	(200)	(215)
赖氨酸能量比，g/MJ	0.97	0.74	0.67	0.50	0.43
(g/Kcal)	(4.06)	(3.11)	(2.79)	(2.11)	(1.79)
氨基酸，%					
赖氨酸	1.34	0.99	0.78	0.59	0.50
蛋＋胱氨酸	0.65	0.56	0.40	0.31	0.28
苏氨酸	0.77	0.64	0.46	0.38	0.33
色氨酸	0.19	0.18	0.11	0.10	0.09
异亮氨酸	0.73	0.54	0.44	0.36	0.31
矿物元素，%或每千克饲粮含量					
钙，%	0.86	0.72	0.59	0.50	0.42
总磷，%	0.67	0.58	0.50	0.42	0.34
非植酸磷，%	0.42	0.31	0.27	0.19	0.13
钠，%	0.20	0.14	0.08	0.08	0.08
氯，%	0.20	0.14	0.07	0.07	0.07
镁，%	0.04	0.04	0.03	0.03	0.03
钾，%	0.29	0.25	0.22	0.19	0.14

续表 1-10

体重,kg	5～8	8～15	15～30	30～60	60～90
铜,mg	6.00	5.0	4.0	3.0	3.0
铁,mg	100	90	70	50	35
碘,mg	0.13	0.12	0.21	0.13	0.08
锰,mg	4.00	3.00	3.00	2.00	2.00
硒,mg	0.30	0.26	0.21	0.13	0.08
锌,mg	100	90	70	50	40
维生素和脂肪酸,%或每千克饲粮含量					
维生素 A,IU	2100	1900	1470	1090	1090
维生素 D_3,IU	210	190	168	126	126
维生素 E,IU	15	15	9	9	9
维生素 K,mg	0.50	0.45	0.4	0.4	0.4
硫胺素,mg	1.50	1.00	1.00	1.00	1.00
核黄素,mg	4.00	3.0	2.5	2.0	2.0
泛酸,mg	12.00	10.00	8.00	7.00	6.00
烟酸,mg	20.00	14.00	12.0	9.00	6.50
吡哆醇,mg	2.00	1.50	1.50	1.00	1.00
生物素,mg	0.08	0.05	0.04	0.04	0.04
叶酸,mg	0.30	0.30	0.25	0.25	0.25
维生素 B_{12},μg	20.00	15.00	12.00	10.00	5.00
胆碱,g	0.50	0.40	0.34	0.25	0.25
亚油酸,%	0.10	0.10	0.10	0.10	0.10

注:三型标准,指瘦肉率46%左右,达90千克体重时间200天左右。5～8千克阶段的营养需要同一型标准,8～15千克阶段的营养需要同二型标准

表 1-11 肉脂型生长肥育猪每日每头养分需要量

（三型标准，自由采食，88%干物质）

体重，kg	5～8	8～15	15～30	30～60	60～90
日增重，kg/d	0.22	0.34	0.40	0.50	0.59
采食量，kg/d	0.40	0.87	1.28	1.95	2.92
饲料/增重	1.80	2.55	3.20	3.90	4.95
消化能，MJ/kg	13.80	13.30	11.70	11.70	11.70
(Kcal/kg)	(3300)	(3180)	(2800)	(2800)	(2800)
粗蛋白质，%	84	152.3	192.0	273.0	379.6
氨基酸，g/d					
赖氨酸	5.4	8.6	10.0	11.5	14.6
蛋＋胱氨酸	2.6	4.9	5.1	6.0	8.2
苏氨酸	3.1	5.6	5.9	7.4	9.6
色氨酸	0.8	1.6	1.4	2.0	2.6
异亮氨酸	2.9	4.7	5.6	7.0	9.1
矿物元素，g或mg/d					
钙，g	3.4	6.3	7.6	9.8	12.3
总磷，g	2.7	5.0	6.4	8.2	9.9
非植酸磷，g	1.7	2.7	3.5	3.7	3.8
钠，g	0.8	1.2	1.0	1.6	2.3
氯，g	0.8	1.2	0.9	1.4	2.0
镁，g	0.2	0.3	0.4	0.6	0.9
钾，g	1.2	2.2	2.8	3.7	4.4
铜，mg	2.4	4.4	5.1	5.9	8.8
铁，mg	40.0	78.3	89.6	97.5	102.2
碘，mg	0.05	0.1	0.2	0.2	0.4
锰，mg	1.60	2.6	3.8	3.9	5.8

续表 1-11

体重,kg	5～8	8～15	15～30	30～60	60～90
硒,mg	0.12	0.2	0.3	0.3	0.3
锌,mg	40.0	78.3	89.6	97.5	116.8
维生素和脂肪酸,IU、g、mg或μg/d					
维生素A,IU	840.0	1653	1856	2145	3212
维生素D_3,IU	84.0	165	217.6	243.8	365.0
维生素E,IU	6.0	13.1	12.8	19.5	29.2
维生素K,mg	0.2	0.4	0.5	0.8	1.2
硫胺素,mg	0.6	0.9	1.3	2.0	2.9
核黄素,mg	1.6	2.6	3.2	3.9	5.8
泛酸,mg	4.8	8.7	10.2	13.7	17.5
烟酸,mg	8.0	12.16	15.36	17.55	18.98
吡哆醇,mg	0.8	1.3	1.9	2.0	2.9
生物素,mg	0.0	0.0	0.1	0.1	0.1
叶酸,mg	0.1	0.3	0.3	0.5	0.7
维生素B_{12},μg	8.0	13.1	15.4	19.5	14.6
胆碱,g	0.2	0.3	0.4	0.5	0.7
亚油酸,g	0.4	0.9	1.3	2.0	2.9

注:三型标准,指瘦肉率46%左右,达90千克体重时间200天左右。5～8千克阶段的营养需要同一型标准,8～15千克阶段的营养需要同二型标准

2. 肉脂型母猪 表1-12为肉脂型妊娠、泌乳母猪的营养需要。

表 1-12　肉脂型妊娠、泌乳母猪每千克饲粮养分含量　（88%干物质）

	妊娠母猪	泌乳母猪
采食量,kg/d	2.1	5.1
消化能,MJ/kg(Kcal/kg)	11.70(2800)	13.60(3250)
粗蛋白质,%	13.0	17.5
能量蛋白比,KJ/%(Kcal/%)	900(215)	777(186)
赖氨酸能量比,g/MJ(g/Kcal)	0.37(1.54)	0.58(2.43)
氨基酸,%		
赖氨酸	0.43	0.79
蛋+胱氨酸	0.30	0.40
苏氨酸	0.35	0.52
色氨酸	0.08	0.14
异亮氨酸	0.25	0.45
矿物元素,%或每千克饲粮含量		
钙,%	0.62	0.72
总磷,%	0.50	0.58
非植酸磷,%	0.30	0.34
钠,%	0.12	0.20
氯,%	0.10	0.16
镁,%	0.04	0.04
钾,%	0.16	0.20
铜,mg	4.00	5.00
铁,mg	70	80
碘,mg	0.12	0.14
锰,mg	16	20
硒,mg	0.15	0.15

续表 1-12

体重,kg	5～8	8～15	15～30	30～60	60～90
锌,mg	50	50			
维生素和脂肪酸,%或每千克饲粮含量					
维生素 A,IU			3600		2000
维生素 D_3,IU			180		200
维生素 E,IU			36		44
维生素 K,mg			0.4		0.5
硫胺素,mg			1.00		1.00
核黄素,mg			3.20		3.75
泛酸,mg			10.00		12.00
烟酸,mg			8.00		10.00
吡哆醇,mg			1.00		1.00
生物素,mg			0.16		0.20
叶酸,mg			1.10		1.30
维生素 B_{12},μg			12.00		15.00
胆碱,g			1.00		1.00
亚油酸,%			0.10		0.10

3. 地方猪种后备母猪 地方猪种后备母猪的营养需要见表 1-13。

表 1-13 地方猪种后备母猪每千克饲粮养分含量 (88%干物质)

体重,kg	10～20	20～40	40～70
日增重,kg/d	0.30	0.40	0.50
日采食量,kg/d	0.63	1.08	1.65
饲料/增重	2.10	2.70	3.30
消化能,MJ/kg(Kcal/kg)	12.97(3100)	12.55(3000)	12.15(2900)

续表 1-13

体重,kg	10～20	20～40	40～70
粗蛋白质,%	18.0	16.0	14.0
能量蛋白比,KJ/% (Kcal/%)	721(172)	784(188)	868(207)
赖氨酸能量比,g/MJ (g/Kcal)	0.77(3.23)	0.70(2.93)	0.48(2.00)
	氨基酸,%		
赖氨酸	1.00	0.88	0.67
蛋+胱氨酸	0.50	0.44	0.36
苏氨酸	0.59	0.53	0.43
色氨酸	0.15	0.13	0.11
异亮氨酸	0.56	0.49	0.41
	矿物质,%		
钙	0.74	0.62	0.53
总　磷	0.60	0.53	0.44
非植酸磷	0.37	0.28	0.20

注:除钙、磷外的矿物元素和维生素的需要,可参照肉脂型生长肥育猪的二型标准

4. 肉脂型种公猪　肉脂型种公猪的营养需要见表 1-14 和 1-15。

表 1-14　肉脂型种公猪每千克饲粮养分含量　(88%干物质)

体重,kg	10～20	20～40	40～70
日增重,kg/d	0.35	0.45	0.50
日采食量 kg/d	0.72	1.17	1.67
消化能,MJ/kg(Kcal/kg)	12.97(3100)	12.55(3000)	12.55(3000)
粗蛋白质,%	18.8	17.5	14.6
能量蛋白比,KJ/% (Kcal/%)	690(165)	717(171)	860(205)

续表 1-14

体重,kg	10～20	20～40	40～70
赖氨酸能量比,g/MJ (g/Kcal)	0.81(3.39)	0.73(3.07)	0.50(2.09)
氨基酸,%			
赖氨酸	1.05	0.92	0.73
蛋+胱氨酸	0.53	0.47	0.37
苏氨酸	0.62	0.55	0.47
色氨酸	0.16	0.13	0.12
异亮氨酸	0.59	0.52	0.45
矿物质,%			
钙	0.74	0.64	0.55
总磷	0.60	0.55	0.46
非植酸磷	0.37	0.29	0.21

注:除钙、磷外的矿物元素和维生素的需要,可参照肉脂型生长肥育猪的一型标准

表 1-15　肉脂型种公猪每日每头养分需要量　(88%干物质)

体重,kg	10～20	20～40	40～70
日增重,kg/d	0.35	0.45	0.50
日采食量,kg/d	0.72	1.17	1.67
消化能,MJ/kg(Kcal/kg)	12.97(3100)	12.55(3000)	12.55(3000)
粗蛋白质,%	135.4	204.8	243.8
氨基酸,g/d			
赖氨酸	7.6	10.8	12.2
蛋+胱氨酸	3.8	10.8	12.2
苏氨酸	4.5	10.8	12.2
色氨酸	1.2	10.8	12.2
异亮氨酸	4.2	10.8	12.2

续表 1-15

体重,kg	10～20	20～40	40～70
	矿物质,g/d		
钙	5.3	10.8	12.2
总　磷	4.3	10.8	12.2
非植酸磷	2.7	10.8	12.2

注:除钙、磷外的矿物元素和维生素的需要,可参照肉脂型生长肥育猪的一型标准

(五)2004 版饲养标准与 1987 版饲养标准的比较

为了加深对饲养标准的理解,便于灵活应用,下面就 2004 版饲养标准和 1987 版饲养标准进行比较。

1. 猪的类型　1987 版猪饲养标准中只有“瘦肉型”一个类型的猪,多数仅适合于改良猪的需要,不适合于我国本地品种。数据在生长肥育猪栏目中包括三元杂种猪、二元杂种猪,在母猪栏目中体重小的也适合于地方小型猪;在公猪栏目中主要针对的是引入的国外培育种猪。2004 版标准中则明确地划分为“瘦肉型”猪与“肉脂型”猪两大类,这样既满足了引入国外培育猪的营养需要和日益增加的改良猪的营养需要,又满足了为数众多的本地猪的养分要求,更适合于我国国情和方便人们使用。

2. 2004 版饲养标准增加了两项新指标　能量和粗蛋白质是动物最重要的两大营养指标,不仅其绝对含量应达到需求,还需要注意二者的比例;猪蛋白质营养实际是氨基酸营养,在十多种必需氨基酸中,赖氨酸作为猪常用玉米—豆粕型饲粮的第一限制性氨基酸,同时也是构建理想蛋白质模式的参比氨基酸,赖氨酸不能在组织中合成,只能由饲粮摄入。在饲料中添加赖氨酸可以提高饲粮粗蛋白质的利用率,适量的赖氨酸对猪生长速度和胴体瘦肉率的提高具有良好的作用,对养猪生产极为重要。与能量和蛋白质的比例非常重要一样,能量和赖氨酸的比例也非常重要。所以,在

2004 版标准中增设了“能量蛋白比”和“赖氨酸能量比”两项新指标。如瘦肉型生长肥育猪饲粮的能量蛋白比(消化能/粗蛋白质)为 160(千卡/%),668(千焦/%)。赖氨酸能量比(赖氨酸/消化能)为 1.01(克/兆焦),4.24(克/兆卡)。这两项新指标是营养理论的深化,是饲粮养分搭配合理与否的监督指标。

3. 猪群基本情况 猪的饲养标准(营养需要)是解决养分供求的共同体。猪群本身是养分要求的主体,所以,在提供给猪营养时必须弄清它的一些基本情况,其中最主要的是:① 生理状态,如猪的生长发育阶段,妊娠或哺乳阶段等,以此确定需要的类别。处于不同生理阶段的猪对营养物质的需要量有很大的差别,如生长肥育猪,在前期,骨骼的发育快,肌肉的沉积能力强,对蛋白质、矿物质的需求大,就应该提供给较多的粗蛋白质和矿物质,而后期,随着发育强度的降低,沉积脂肪的能力加强,就需要提供给较多的碳水化合物,即能量水平,而相应的粗蛋白质、氨基酸以及矿物质元素的水平则相应的降低;②体重(一般为平均体重),是计算养分需要的基本数据。在 1987 版标准的数据计算时也需要“平均体重”这一基本数据,但未将其列入“标准”的指标中,而 2004 版各类的养分需要的计算模型较多,模型中所需要的一个基本数据就是体重,所以,把“平均体重”单独列出,更便于使用者通过模型计算养分需要量;③生产水平,生长肥育猪的日增重、妊娠母猪的预期窝产仔数以及哺乳母猪哺乳期的体重变化和哺乳窝仔数等都是反映生产水平和计算养分需要量的依据,不可缺少,在 2004 版中全部列出。

4. 营养需要的对象 在猪的类型上,两版本有所不同。在 1987 版饲养标准中明确列出了五种猪的营养需要,即生长肥育猪、妊娠母猪、哺乳母猪、种公猪和后备猪;而 2004 版猪饲养标准中,两种类型的对象不同,在“瘦肉型饲养标准”里只列出生长肥育猪、妊娠母猪、哺乳母猪和配种公猪四种作为营养需要的对象,而后备猪的营养需要在营养理论上同于生长肥育猪、故没有单独列出；在“肉脂型饲养标准”部分，仍遵循传统的饲养习惯而保留后备猪营养需要的项目。

5. 营养物质的类别

(1)能量 是最主要的养分指标，仍以“消化能”(DE)、“代谢能”(ME)表示，2004版中表示单位是“兆焦”(MJ)和“千卡”(kcal)；而在1987版中表示单位是“兆焦”(MJ)和“兆卡”(Mcal)。

(2)粗蛋白质与氨基酸 是饲养标准中最重要的指标。粗蛋白质含量在2004版标准中仍以%表示。氨基酸是用“必需氨基酸”表达；另外，在2004版标准中增加了氨基酸的数量，同时列出了“可消化氨基酸”。在1987版和2004版标准中必需氨基酸有明显的不同：在1987版标准中仅列出4项5种氨基酸：赖氨酸、蛋氨酸+胱氨酸、苏氨酸和异亮氨酸；而在2004版标准中又增列了“色氨酸、亮氨酸、精氨酸、缬氨酸、组氨酸、苯丙氨酸和酪氨酸”，共12项12种。且在2004版标准附录A中增设了“瘦肉型猪可消化氨基酸需要量”(12种)；在附录B中有“肉脂型猪可消化氨基酸需要量”(6种)；在附录C中另列出十几种常用饲料氨基酸的回肠表观消化率(参考值)和二十几种饲料的氨基酸回肠真消化率(参考值)，供使用者选择使用。

在2004版中采用了“可消化氨基酸”数据，既反映了当代营养研究的热点，又集中地表现了近年来我国年轻一代猪营养工作者研究的新成果，因不完善，故在附录中列出，供参考使用。

(3)矿物质 包括常量矿物质元素和微量矿物质元素。

在2004版标准中，列出常量元素：钙(Ca)、磷(P)和非植酸磷、钠(Na)、氯(Cl)、镁(Mg)和钾(K)；微量元素：铜(Cu)、铁(Fe)、锌(Zn)、锰(Mn)、碘(I)和硒(Se)；而在1987版标准制定时，局限于资料和饲喂习惯，以食盐代替了钠与氯的需要，而且没有列出镁与钾的需要量。

(4)维生素 包括脂溶性和水溶性维生素。在2004版标准中列出 4 种脂溶性维生素（维生素 A、维生素 D、维生素 E、维生素 K）和 9 种水溶性维生素：硫胺素、核黄素、泛酸、烟酸、吡哆醇、生物素、叶酸、维生素 B_{12} 和胆碱；而 1987 版标准中没有列“吡哆醇”和“胆碱”。

(5)脂肪酸　是 2004 版标准中新增添的一类营养物质，而且只有亚油酸。亚油酸是一种不饱和脂肪酸，也是猪的必需脂肪酸。

6. 主要养分需要量的比较　通过对生长肥育猪、妊娠与哺乳母猪和公猪每日每头的消化能、粗蛋白质和赖氨酸需要量比较，两版“标准”中养分需要的变化主要表现在以下几方面。

(1)生长肥育猪

①仔猪阶段　我国养猪的生产习惯把生长肥育猪分为两个阶段：从出生到 20 千克为仔猪；20～90 千克为生长肥育猪。在研制 1987 版标准时，参考 NRC(1979) 的划分方法和三江猪协作组关于 SPF 的唯一来源的资料，确定了 1～5 千克和 5～10 千克体重阶段的养分需要量数值；10～20 千克的资料较前两个阶段的数据多，按平均数确定了规定值。2004 版仔猪阶段的划分和养分需要量的确定是依据近年来新的研究资料与老专家的建议更改的，符合生产实际的需要(表 1-16)。

表 1-16　仔猪每日每头主要养分需要量比较

项　目	体重阶段(kg)				
	2004 版		1987 版		
	3～8	8～20	1～5	5～10	10～20
日增重(g)	240	440	160	280	420
采食量(kg)	0.30	0.74	0.20	0.46	0.91
消化能(MJ)	4.21	10.06	3.35	7.00	12.60
粗蛋白质(g)	63	141	54	101	173
赖氨酸(g)	4.3	8.6	2.8	4.6	7.1
饲养天数(d)	20.8	27.3	25	17.9	23.8

注：各阶段的饲养天数是由增重/日增重得到的，下同

由表 1-16 可知,2004 版仔猪养分需要量较 1987 版低,而日增重却较快。

②生长肥育阶段(20～90 千克) 从表 1-17 可看出,生长肥育猪各阶段的日增重 2004 版均比 1987 版的规定值高。具体差异,见表 1-18。

表 1-17 生长肥育猪每日每头养分需要量比较

体重阶段	版 次	日增重 (g)	采食量 (kg)	消化能 (MJ)	粗蛋白质 (g)	赖氨酸 (g)	饲养天数 (d)
20～35	2004	610	1.43	19.15	255	12.9	24.6
	1987	500	1.60	20.75	256	12.0	30.3
35～60	2004	690	1.90	25.44	312	15.6	36.2
	1987	600	1.81	23.48	290	13.6	41.2
60～90	2004	800	2.50	33.48	363	17.5	37.5
	1987	750	2.87	37.22	402	18.08	40.0
20～90 *	2004	712	197.71	2647.51	31180	1538.3	98.3
	1987	627	238.28	3090.41	35853	1650.3	111.7

注:表示 20～90 千克阶段的总采食量、消化能、粗蛋白质、赖氨酸的总需要量

根据表 1-17 的资料可知,1 头生长肥育猪从 20 千克到 90 千克出栏,2004 版的饲养天数较 1987 版的饲养天数缩短了 13.4 天,而饲粮消耗 2004 版每头猪为 197.71 千克,较 1987 版的消耗(238.28 千克)少 40 余千克。这是猪种改良与营养饲料技术改进的效果。

从表 1-17 可算出两版 20～90 千克阶段生长肥育猪的料重比:2004 版的数值为 2.824,1987 版的数值为 3.404,2004 版标准较 1987 版的饲料效率提高 20%多。

从表 1-18 可知,20～90 千克全期的日增重 2004 版明显地高于 1987 版,达 13.6%;而主要养分需要量,2004 版都明显地低于 1987 版。简单的结论是:用 2004 版标准饲养生长肥育猪较用 1987 版标准饲养的猪(20～90 千克) 早出栏 13 天,每头猪可少耗

费饲粮 40 千克。这是平均值，实际生产中肯定是有差异的。

表 1-18　两版生长肥育猪各阶段每日每头主要养分需要量的差异*

项　目	体重阶段(kg)			
	20～35	35～60	60～90	20～90
日增重(g)	22.0	15.0	6.7	13.6
采食量(kg)	−10.6	5.0	−12.9	−17.0
消化能(MJ)	−7.7	8.3	−10.1	−14.3
粗蛋白质(g)	−0.4	7.6	−9.7	−13.0
赖氨酸(g)	7.5	14.7	−3.2	−6.8
饲养天数(d)	−5.4	−5.5	−2.5	−13.4

注：* 以 1987 版的值为 100，饲养天数除外

(2)妊娠母猪

①妊娠母猪体重的划分　1987 版划分为 90～120 千克、120～150 千克、150 千克以上 3 个档；2004 版则分为 120～150 千克、150～180 千克、180 千克以上 3 个档。2004 版妊娠母猪体重阶段划分与 1987 版相同，都是 3 个档级，只是 2004 版的每一档级的体重提高了 30 千克。

②妊娠母猪每日每头主要养分需要量的比较　现以两版相同体重阶段的妊娠母猪每日每头对采食量、消化能、粗蛋白质和赖氨酸需要量进行比较。观察两版规定的妊娠前期与后期主要养分需要量的变化情况，详见表 1-19。

表 1-19　两版妊娠母猪每日每头主要养分需要量的比较

项　目	妊娠前期		妊娠后期	
	2004 版	1987 版	2004 版	1987 版
采食风干料(kg)	2.10	1.90	2.60	2.40
消化能(MJ)	26.78	22.26	33.15	28.13
粗蛋白质(g)	273	209	364	288
赖氨酸(g)	11.1	6.7	13.8	8.6

从表 1-19 的数据可以计算出两版饲养标准的主要养分需要量有着明显的差别。2004 版的下列养分指标较 1987 版均有所提高。其中采食量前期提高 10.5%,后期提高 8.3%;消化能依次提高 20.3%和 17.6%;粗蛋白质依次提高 30.6%和 26.4%;赖氨酸也相应提高 65.7%与 60.5%。

(3)哺乳母猪

①养分需要量的表达方式 1987 版中设有“哺乳母猪每日每头养分需要量”与“哺乳母猪每千克饲粮中养分含量”两种表达方式。2004 版标准中,只有“哺乳母猪每千克饲粮养分含量”1 个表,没有“每日每头养分需要量”的表,但在前表中增设了一项“采食量”。

②表格内容稍有不同 1987 版标准中,在“哺乳母猪每日每头养分需要量”表格里,列出的体重阶段划分为 120～150 千克、150～180 千克、180 千克以上 3 个档;同时列出每增减 1 头哺乳仔猪的主要养分需要量。2004 版标准中,只列出“哺乳母猪每千克饲粮养分含量”表,体重阶段划分只有 140～180 千克、180～240 千克 2 个档。另外,增设“哺乳期体重变化”和“哺乳窝仔数”两个项目以便于引用模型计算。

③两版哺乳母猪主要养分需要量的比较 表 1-20 的数据是引自两版规定相似体重(180 千克以上)、哺育相同数量的仔猪(10 头)的哺乳母猪每日每头主要养分需要量。

表 1-20 两版哺乳母猪每日每头主要养分需要量的比较

项 目	2004 版	1987 版
采食量(kg)	5.65	5.30
消化能(MJ)	77.97	64.31
粗蛋白质(g)	1017	742
赖氨酸(g)	51	27

从表1-20可知,2004版营养水平较1987版均有不同程度的提高,其中,采食量提高6.6%,消化能提高21.2%,粗蛋白质提高37.1%,赖氨酸需要量提高幅度最大,为88.9%。新"标准"营养水平的提高也是近年来养猪科学与养猪生产发展的反映。

(4)种公猪

①种公猪营养需要的表达方式　2004版与1987版种公猪的营养需要表达方式相同:即"每日每头养分需要量"和"每千克饲粮养分含量"两种表达方式。

②种公猪体重阶段划分　1987版标准的种公猪体重阶段划分为90～150千克和150千克以上2个阶段;而2004版标准中不做体重划分,只在备注中指出可依据体重与增重情况,使用者可加以调整。

③种公猪与配种公猪　在1987版标准中使用"种公猪"名词,是因为当时存在"季节性配种"与"常年性配种"两种生产方式的缘故;2004版标准中采用"配种公猪"名词,是考虑当前多为"常年性配种"生产方式确定的。

④两版种公猪主要养分需要量的比较　从表1-21可知,体重相近的种公猪养分需要量虽然比较接近,但也有一定的差异:2004版采食量比1987版降低4.3%,消化能也低了1.3%,粗蛋白质提高7.6%,赖氨酸的需要量增加39.1%。

表1-21　两版种公猪每日每头主要养分需要量的比较

项　目	2004版	1987版
体重,kg		150以上
采食量(kg)	2.20	2.30
消化能(MJ)	28.49	28.87
粗蛋白质(g)	297	276
赖氨酸(g)	12.1	8.7

三、养猪生产中饲养标准的应用

合理的饲养标准是实际饲养工作的技术标准，是发展养猪生产、制定生产计划、组织饲料供给、设计饲粮配方、生产平衡饲粮、对猪群实行标准化饲养管理的技术指南和科学依据。但是，照搬标准中数据，把标准看成是解决有关问题的现成答案，忽视标准的条件性和局限性，则难以达到预期目的。应用饲养标准应遵守以下原则。

（一）选用饲养标准的适合性

饲养标准都是有条件、具体的标准。所选用的饲养标准是否适合被应用的对象，必须认真分析其对应用对象的适合程度，重点把握饲养标准所要求的条件与应用对象实际条件的差异，尽可能选择最适合应用对象的饲养标准。

选用任何一个饲养标准，首先应考虑标准所要求的动物与应用对象是否一致或比较近似，若品种之间差异太大则难以使标准适合应用对象，例如 NRC 猪的营养需要则难适合于我国地方猪种。除了动物遗传特性以外，绝大多数情况下均可以通过合理设定保险系数使标准规定的营养定额适合应用对象的实际情况。

1. 不同的品种（基因型）选用不同的营养水平 猪的遗传基础、饲粮的养分含量和各养分之间的比例关系以及猪与饲粮因素的互作效应，都会对饲粮营养物质的利用产生影响。脂肪型、瘦肉型与兼用型猪之间对饲粮的干物质、能量和蛋白质消化率方面存在的显著差异已是不争的事实。各国饲养标准中推荐同一品种同一阶段猪的营养需要量存在的差异性，更充分说明是猪的品种及选育程度差异性所致。一般认为，在相同的条件下，瘦肉型猪较肉脂型猪需要更多的蛋白质，三元杂交瘦肉型比二元杂交瘦肉型猪又需要更多的蛋白质。因此，配制猪的饲粮时，不仅要根据不同经济类型猪的饲养标准和所提供的饲料养分，而且要根据不同品种特有的生物学特点、生产方向及生产性能，并参考形成该品种所提供的营养条件历史，综合考虑不同品种的特性和饲粮原料的组成情况，对猪体和饲粮之间营养物质转化的数量关系，以及可能发生的变化作出估计后，科学地设计配方中养分的含量，使饲粮所含养分得以更加充分利用。

2. 不同生理阶段选用不同的营养水平 猪在不同的生理阶段，对养分的需要量各有差异。虽然猪的饲养标准中已规定出各种猪的营养需要量，并作为配方设计的依据，但在配方设计时，既要充分考虑到不同生理阶段的特殊养分需要，科学地设计阶段性配方，又一定要注意配合后饲料的适口性、体积和消化率等因素，以达到既提高饲料利用率，又充分发挥猪的生产性能的效果。如早期断奶仔猪具有代谢旺盛、生长发育迅速、饲料利用率高的生理特点，但也有消化器官容积小、消化功能不健全等特点。在配方设计时，既要考虑其营养需要，又要注意饲料的消化率、适口性、体积等因素。如，要求体重小于 7 千克的仔猪，日粮中蛋白质水平必须在 20%～22%，赖氨酸水平在 1.5%～1.6%，体重在 12～23 千克间的仔猪，蛋白质水平要求在 18%左右，赖氨酸水平在 1.15%。母猪在妊娠前期，由于处于妊娠合成代谢状态，代谢效率高，脂肪沉积力加强，因而在配料中可适当提高粗纤维水平；生长肥育猪在肥育期间，为了获得最高的日增重，则可提高日粮配方中能量物质的含量，以满足其长膘的能量需要，而蛋白质水平可比生长前期降低 1 个百分点左右。所以，在配方设计时，要根据不同生产阶段的营养需要，采用不同营养水平，才能降低饲料成本，提高经济效益。

3. 不同性别采用不同的营养水平 据美国 NRC 猪营养委员会进行的一项包括 3 个试验站的综合研究阉公猪和小母猪的蛋白质需要量的结果表明，日粮中蛋白质含量从 13%提高到 16%，并不影响阉公猪增重和饲料利用率，胴体成分也未变化；而小母猪日粮中蛋白质含量从13%提高到16%，增重和饲料利用率都有所提高，眼肌面积和瘦肉率呈线性下降。从而认为，当饲料中蛋白质含量最小为16%时，小母猪的各种生产性能达到最佳水平，而阉公猪日粮中蛋白质含量在13%～14%即可达到最佳水平。因此，不同性别的猪，应分别设计不同营养含量的配方，进行分开饲养，以充分发挥其生产性能和饲料转化率。

4. 不同的季节选用不同的营养水平　据报道，每升高1℃的热应激，猪每天采食量下降约40克；若环境温度超出最佳温度5℃～10℃，则每天采食量将下降200～400克。由于采食量的减少，导致营养不良，生化作用改变，使酶的活性和代谢过程发生紊乱，从而影响了生产性能的表现。为此，不同的季节，应配制营养浓度不同的日粮，以满足其生理需要。对于炎热的夏季，为保证猪的营养需要，应注意调整饲料配方，增加营养浓度，特别是提高日粮中油脂、氨基酸、维生素和微量元素的含量，降低饲料的单位体积，并适当添加氯化钾、碳酸氢钠等电解质，以保证养分的供给，减缓其生产性能的下降。

(二)应用饲养标准的灵活性

饲养标准 规定的营养定额一般只对具有广泛或比较广泛的共同基础的动物饲养有应用价值，对共同基础小的动物饲养则只有指导意义。要使饲养标准规定的营养定额变得可行，必须根据不同的具体情况对营养定额进行适当调整。选用按营养需要原则制定的饲养标准，一般都要增加营养定额。选用按营养供给量原则制定的标准，营养定额增加的幅度一般比较小，甚至不增加。选用按营养推荐量原则制定的标准，营养定额可适当增加。尤其是对其中规定的维生素、微量元素等，在应用时要根据动物的饲养情况等适当增加。

(三)注重饲养标准与效益的统一性

应用饲养标准规定的营养定额,不能只强调满足猪只对营养物质的客观要求,不能认为饲养标准越高越好,而不考虑饲料生产成本。必须贯彻营养、效益(包括经济、社会和生态等效益)相统一的原则。

饲养标准中规定的营养定额实际上显示了动物的营养平衡模式,按此模式向猪供给营养,可使其有效利用饲料中的营养物质。在饲料或动物产品的市场价格变化情况下,可以通过改变饲粮的营养浓度,不改变平衡,而达到既不浪费饲料中的营养物质又实现调节动物产品的量和质的目的,从而体现饲养标准与效益统一性原则。

在考虑饲养标准与效益的统一性时,更重要的一点是考虑饲料原料的营养价值、价格高低和供应情况。应充分利用当地的饲料资源。由于蛋白质能量比不同的配合饲料可达到相同的生产性能,这在生产实践中有重要价值。当蛋白质饲料原料较贵而能量饲料原料较便宜时,可降低蛋白能量比;当蛋白质饲料原料较便宜而能量饲料原料较贵时,可提高蛋白能量比;当然其他养分指标需要作相应的调整以保持营养平衡。中国猪的饲养标准中规定的能量偏低,就是考虑了我国饲料资源特点。

只有注意饲养标准的适合性和应用定额的的灵活性,才能做到饲养标准与实际生产的统一,获得良好的结果。同时,效益也是养猪生产中一个极为重要的问题。

(四)注意与饲料标准的区别

饲料标准是国家为规范饲料工业而制定的,一般是强制执行标准,任何商品饲料都不能低于这个标准。饲养标准一般只讨论营养需要量问题,而饲料标准是一定生产条件下的工业产品标准,除考虑某些营养指标外，还要规定饲料产品的一般性状、加工质量以及人畜卫生有关的卫生质量等指标。饲料质量标准只能定出那些需要在全国范围内统一的技术要求，并且为便于实践中检测和监督，饲料质量标准只能规定一些最重要的而又易于客观检测的项目，而饲养标准包括四五十项动物需要的全部营养指标。饲养标准中规定的指标均为平均值，而饲料标准中规定的各项指标均为保证值，例如最大值、最小值或取值区间。

（五）需要量、供给量、添加量与饲养标准的关系

需要量是指为了保证猪只正常生长发育和获得理想的生产性能，在适宜环境条件下对各种营养物质需求的数量。这个数量是一个群体平均值，不包括一切可能增加需要量而设定的保险系数。同品种或同种动物因地区不同，这种需要量差异不大，所以不同地区可相互通用。为了保证相互通用的可靠性和经济有效的饲养猪群，一般标准都按最低需要量给出。对一些有毒有害的微量营养物质，常给出允许量、耐受量和中毒量。需要量又有最低需要量和最适需要量之分。最低需要量是在试验条件下，为保证动物不出现营养缺乏症情况下的需要量；而最适需要量是动物获得最佳生产效益和饲料效率的营养需要量。最适需要量一般都高于最低需要量。

供给量是在实际条件下为满足动物的需要，对日粮中应供给的各种营养素数量的规定，包括两部分，即基础饲粮中的含量和通过添加剂预混料供给的部分。它在需要量的基础上加了一定的保险系数。保险系数主要基于以下理由：动物个体差异对需要量的影响；饲料及其营养含量和可利用性变化对需要量的影响；饲料加工贮藏中的损失，环境因素；需要量评定的差异；非特异性应激因素，如亚健康状况（体质差）等。

添加量是指在实际条件下，日粮中的营养物质含量不能满足动物正常生长和生产的需求时，必须在日粮配制时额外添加的各种营养物质的数量。也是供给量中除基础饲粮提供外的那部分营养。添加量也同样受以上影响供给量的因素的影响。

饲养标准中对各种营养物质的规定量，对于不同的指标，所代表的含义有所不同，一是代表需要量，如能量、粗蛋白质、常量元素、氨基酸等指标；二是代表添加量，如微量元素、维生素等指标，由于各大量饲料原料中这些养分的含量极少，所以在饲料配合时常常不考虑饲料原料中本身所含有微量元素和维生素含量，通过添加剂的形式（预混料）额外添加。

第二章　猪常用饲料及其成分表的解析与应用

一、猪常用饲料的分类

饲料是指能被畜禽采食、且能供给某种或多种养分，而对畜禽健康无毒害作用的物质。饲料是猪维持正常生命活动，为人类提供畜产品的物质来源，它是发展养猪生产的物质基础。为了提高猪对饲料的利用效率，必须重视饲料的科学利用。自然界饲料的种类繁多，其饲用价值又各不相同。为了便于科学利用，对饲料进行恰当的分类很有必要。

饲料分类的方法很多，一般是按饲料的来源、特性、成分、营养价值、加工调制等进行分类。现仅简要介绍以下几种。

(一)按饲料的来源分类

根据饲料来源，通常分为 4 大类，即植物性饲料、动物性饲料、矿物质饲料和添加剂等。具体见图 2-1。

这种分类方法符合养猪生产的传统习惯，也便于组织饲料。其缺点是不能反映饲料营养价值的内部特征，更不便于使用计算机进行配方设计。

(二)根据饲料的化学性质和营养特点分类

通常可分为精饲料、青绿多汁饲料、粗饲料、矿物质饲料和饲料添加剂等 5 大类，每一大类又可分为若干小类。

1. 精饲料　精饲料的特点是无氮浸出物和蛋白质含量丰富，

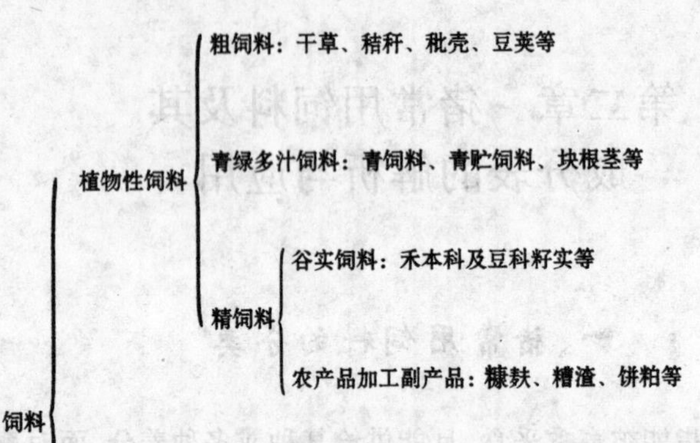

图 2-1　按饲料的来源进行分类

其容积小，粗纤维含量较少，比较容易消化，营养价值较高。

2. 青绿多汁饲料　这类饲料含水量特别高，容易消化；来源广，产量高，适期收割则营养物质较丰富。

3. 粗饲料　粗饲料的特点是容积大，含粗纤维多，质地粗硬，不易消化，可利用的营养物质较少。

4. 矿物质饲料　包括食盐和钙、磷等矿物质饲料。

5. 饲料添加剂　包括维生素、氨基酸、微量元素、生长促进剂、保健剂、抗氧化剂等。具体见图 2-2。

这种分类方法主要是根据人们的经验来分类，其缺点是不能从养分含量上反映出各类饲料的差异。

(三)饲料的国际分类法

随着现代动物营养学在饲料工业及养殖业上的应用研究，特别是随着计算机技术在饲料工业中的应用，根据习惯与经验划分

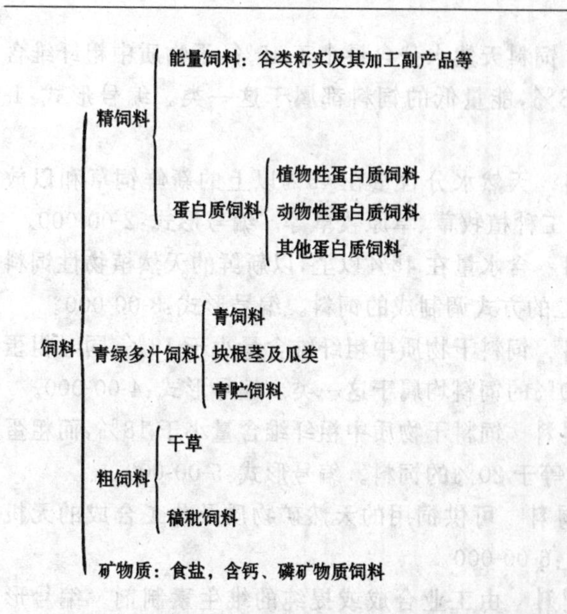

图 2-2　按饲料的化学性质和营养特点分类

饲料种类的方法，已不能适应现代化畜禽饲养和饲料工业的要求，而需要对其进行更为科学的分类。国际分类法是根据饲料的营养特性，将饲料分成 8 大类，对每类饲料冠以相应的国际饲料编码，同时应用计算机技术建立了国际饲料数据管理系统。

饲料国际分类法可概括为“3 节、6 位数、8 大类”，即编码由 6 位数字组成，并划分为 3 节，从左到右，第一位数字为第一节，第二节为 2 位数字，第三节是最后 3 位数字，这样，每一种饲料有 1 个 6 位数的标准号，这 6 位数的含义是：第一节数字代表 8 大类中的某一类；第二节代表大类下的亚类；最后 3 位数字为第三节，代表某一种具体的饲料。例如 2-05-678，它表示第二大类第 5 亚类中的 678 号饲料。

根据饲料的国际分类原则，所有的饲料可分为 8 大类，具体分类如下。

1. 粗饲料 饲料天然水分含量小于45%，干物质中粗纤维含量大于或等于18%，能量低的饲料都属于这一类。编号形式：1-00-000。

2. 青绿饲料 天然水分含量在45%以上的新鲜饲草和以放牧形式饲喂的人工种植牧草、草原牧草等。编号形式：2-00-000。

3. 青贮饲料 含水量在45%以上，以新鲜的天然植物性饲料为原料，采用青贮的方式调制成的饲料。编号形式：3-00-000。

4. 能量饲料 饲料干物质中粗纤维含量小于18%，同时粗蛋白质含量低于20%的饲料均属于这一类。编号形式：4-00-000。

5. 蛋白质饲料 饲料干物质中粗纤维含量小于18%，而粗蛋白质含量大于或等于20%的饲料。编号形式：5-00-000。

6. 矿物质饲料 可供饲用的天然矿物质及化工合成的无机盐类。编号形式：6-00-000。

7. 维生素饲料 由工业合成或提纯的维生素制剂。编号形式：7-00-000。

8. 饲料添加剂 为保证或改善饲料品质，防止质量下降，促进动物生长繁殖，保障动物健康而掺入饲料中的少量或微量物质，但合成氨基酸、维生素不包括在内。编号形式：8-00-000。

(四)我国饲料分类法

我国现行饲料分类法，是以国际饲料分类法为基础，结合我国传统饲料分类法，形成了我国的饲料分类法。首先根据国际饲料分类原则将饲料分成8大类，然后结合我国传统饲料分类习惯，按饲料的来源、形态、生产加工方法等属性进一步分成17个亚类，采用7位数字编码。其编码形式同样分为3节，即首位数1～8分别对应国际饲料分类的8大类饲料；第二位、第三位数为中国饲料分类亚类编号，其编号具体规定见表2-1；第四至第七位数为饲料的个体编码。例如，高粱的分类编码是4-07-0272，表明是第四大类能量饲料，

07则表示为谷实类,0272为高粱籽实饲料的个体编号。

表 2-1　中国饲料亚类编码表

亚类名	编　号	亚类名	编　号
青绿饲料	01	饼粕类	10
树叶类	02	糟渣类	11
青贮饲料类	03	草籽树实类	12
块根、块茎、瓜果类	04	动物性饲料	13
干草类	05	矿物质饲料	14
农副产品类	06	维生素饲料	15
谷实类	07	饲料添加剂	16
糠麸类	08	油脂类饲料及其他	17
豆　类	09		

在此需要说明的是,亚类和大类不是一一对应关系,一个亚类中的饲料可能不只属于某一大类,例如糠麸亚类饲料中的小麦麸、米糠等,在国际饲料分类中属于能量饲料,其编号形式为4-08-0000;而同属于糠麸亚类的统糠、生谷机糠等,按国际饲料分类原则属于粗饲料,其编号形式为1-08-0000。不过对于某种具体的饲料,只要亚类的位置确定了,然后按大类的标准定位某一种饲料,就会有一个唯一的编号。

(五)一般配合饲料原料的分类

在配合饲料生产中,其饲料原料根据其营养价值、来源及特性等分为以下六大类。具体见图2-3。

- 配合饲料
  - 草粉类饲料：苜蓿草粉、松针叶粉、蚕豆茎叶粉等
  - 能量饲料
    - 谷实类：玉米、稻谷等
    - 糠麸类：小麦麸、米糠等
    - 油脂：动、植物脂肪
    - 薯类及加工副产品：薯类及其粉渣、糖蜜等
  - 蛋白质饲料
    - 植物蛋白质：饼粕类、玉米蛋白、叶蛋白等
    - 动物蛋白质：鱼粉、血粉、羽毛粉、蚕蛹等
    - 单细胞蛋白质：酵母、藻类
    - 非蛋白氮及其他：尿素、再利用粪便等
  - 常量矿物质饲料：食盐、骨粉、磷酸氢钙等
  - 饲料补充料
    - 微量元素饲料
    - 维生素饲料：维生素 A、D_3 粉、B_2 粉等
    - 氨基酸饲料：赖氨酸、蛋氨酸等
  - 饲料添加剂
    - 保健助长剂：抗生素、抗球虫药、酶制剂等
    - 产品工艺剂：抗氧化剂、调味剂、抗结块剂等
    - 中草药添加剂

（能量饲料、蛋白质饲料：通常原料（俗称大料）；饲料补充料、饲料添加剂：添加剂（俗称小料））

图 2-3　一般配合饲料原料的分类

二、猪常用饲料成分表的解析与应用

(一)猪常用饲料成分表的解析

饲料成分是指以表格形式列出的饲料成分和营养价值的数据，这些数据是由一种饲料数个样品通过实验室直接测定分析、饲养试验的平均值汇集而成。它客观的表示了每一种饲料的营养成分和营养价值，它同饲养标准配合使用，是制定饲料配方，科学养猪的基本依据。

饲料成分一般是指可在实验室中直接测定的各种营养成分，而营养价值是指用动物试验测定的饲料中可被动物消化利用的养分数量。

饲养标准颁布时一般都附有该类动物的饲料成分及营养价值表，猪饲养标准也一样。虽然配合饲料时最好的方法是先实际分析和测定具体每一批饲料的营养成分，但在生产实践中往往不容易做到，所以，很多情况下是参考已颁布的饲料成分表。

本书所介绍的2004版猪饲养标准中所包含的猪用饲料成分及营养价值表，共有5个表格，即饲料描述及常规成分、饲料中的有效能、饲料中的氨基酸含量、饲料中的矿物元素含量、饲料中的维生素和脂肪酸含量。此外，还附录有猪用饲料氨基酸消化率等。考虑到生产实践中对诸如猪用饲料氨基酸消化率等数据使用的不是很多，本书仅列出饲料描述及常规成分、饲料中有效能值、饲料中氨基酸含量、饲料中矿物质和维生素含量这几部分。

2004版猪饲养标准所列饲料成分表中的多数数据与中国饲料成分及营养价值表(2008年第19版)相同，但有以下不同：(1)在饲料种类上，常规成分和能量表少3种，分别是棉籽蛋白、家禽脂肪和鱼油；(2)有效能，仅列出了消化能，没有代谢能；(3)氨基酸、矿物质、维生素和脂肪酸的饲料种类少1种，即棉籽蛋白。

本书所列猪饲料成分及营养价值表是以2004版猪饲养标准中所列数据为准，对一些饲料的部分数据根据中国饲料成分及营养价值表中(2008年第19版)进行了补充。例如，1号饲料玉米(中国饲料号为4-07-0278)，本书2-2中列出了标准表中所缺乏的中性洗涤纤维和酸性洗涤纤维数据。另外，在标准表中还引用了代谢能数据和棉籽蛋白、家禽脂肪和鱼油的所有数据。同时，省略了表格中的所有英文表示。具体见表2-2至2-6。

表 2-2 猪饲料描述及常规成分

序号	中国饲料号	饲料名称	饲料描述	干物质(%)	粗蛋白质(%)	粗脂肪(%)	粗纤维(%)	无氮浸出物(%)	粗灰分(%)	中性洗涤纤维(%)	酸性洗涤纤维(%)	钙(%)	总磷(%)	非植酸磷(%)
1	4-07-0278	玉　米	成熟,高蛋白质,优质	86.0	9.4	3.1	1.2	71.1	1.2	9.4	3.5	0.02	0.27	0.12
2	4-07-0288	玉　米	成熟,高赖氨酸,优质	86.0	8.5	5.3	2.6	67.3	1.3	9.4	3.5	0.16	0.25	0.09
3	4-07-0279	玉　米	成熟,GB/T 17890-1999,1级	86.0	8.7	3.6	1.6	70.7	1.4	9.3	2.7	0.02	0.27	0.12
4	4-07-0280	玉　米	成熟,GB/T 17890-1999,2级	86.0	7.8	3.5	1.6	71.8	1.3	7.9	2.6	0.02	0.27	0.12
5	4-07-0272	高　粱	成熟,NY/T 1级	86.0	9.0	3.4	1.4	70.4	1.8	17.4	8.0	0.13	0.36	0.17
6	4-07-0270	小　麦	混合小麦,成熟 NY/T 2级	87.0	13.9	1.7	1.9	67.6	1.9	13.3	3.9	0.17	0.41	0.13
7	4-07-0274	大麦(裸)	裸大麦,成熟 NY/T 2级	87.0	13.0	2.1	2.0	67.7	2.2	10.0	2.2	0.04	0.39	0.21
8	4-07-0277	大麦(皮)	皮大麦,成熟 NY/T 1级	87.0	11.0	1.7	4.8	67.1	2.4	18.4	6.8	0.09	0.33	0.17
9	4-07-0281	黑　麦	籽粒,进口	88.0	11.0	1.5	2.2	71.5	1.8	12.3	4.6	0.05	0.30	0.11
10	4-07-0273	稻　谷	成熟,晒干 NY/T 2级	86.0	7.8	1.6	8.2	63.8	4.6	27.4	28.7	0.03	0.36	0.20

续表 2-2　猪饲料描述及常规成分

序号	中国饲料号	饲料名称	饲料描述	干物质（%）	粗蛋白质（%）	粗脂肪（%）	粗纤维（%）	无氮浸出物（%）	粗灰分（%）	中性洗涤纤维（%）	酸性洗涤纤维（%）	钙（%）	总磷（%）	非植酸磷（%）
11	4-07-0276	糙　米	良，成熟，除去外壳的整粒大米	87.0	8.8	2.0	0.7	74.2	1.3	1.6	0.8	0.03	0.35	0.15
12	4-07-0275	碎　米	良，加工精米后的副产品	88.0	10.4	2.2	1.1	72.7	1.6	0.8	0.6	0.06	0.35	0.15
13	4-07-0479	粟（谷子）	合格，带壳，成熟	86.5	9.7	2.3	6.8	65.0	2.7	15.2	13.3	0.12	0.3	0.11
14	4-04-0067	木薯干	木薯干片，晒干 NY/T 合格	87.0	2.5	0.7	2.5	79.4	1.9	8.4	6.4	0.27	0.09	0.07
15	4-04-0068	甘薯干	甘薯干片，晒干 NY/T 合格	87.0	4.0	0.8	2.8	76.4	3.0	8.1	4.1	0.19	0.02	0.02
16	4-08-0104	次　粉	黑面，黄粉，下面 NY/T 1级	88.0	15.4	2.2	1.5	67.1	1.5	18.7	4.3	0.08	0.48	0.14
17	4-08-0105	次　粉	黑面，黄粉，下面 NY/T 2级	87.0	13.6	2.1	2.8	66.7	1.8	31.9	10.5	0.08	0.48	0.14
18	4-08-0069	小麦麸	传统制粉工艺 NY/T 1级	87.0	15.7	3.9	8.9	53.6	4.9	42.1	13.0	0.11	0.92	0.24
19	4-08-0070	小麦麸	传统制粉工艺 NY/T 2级	87.0	14.3	4.0	6.8	57.1	4.8	41.3	11.9	0.10	0.93	0.24

续表 2-2 猪饲料描述及常规成分

序号	中国饲料号	饲料名称	饲料描述	干物质(%)	粗蛋白质(%)	粗脂肪(%)	粗纤维(%)	无氮浸出物(%)	粗灰分(%)	中性洗涤纤维(%)	酸性洗涤纤维(%)	钙(%)	总磷(%)	非植酸磷(%)
20	4-08-0041	米　糠	新鲜，不脱脂 NY/T 2 级	87.0	12.8	16.5	5.7	44.5	7.5	22.9	13.4	0.07	1.43	0.10
21	4-10-0025	米糠饼	未脱脂，机榨 NY/T 1 级	88.0	14.7	9.0	7.4	48.2	8.7	27.7	11.6	0.14	1.69	0.22
22	4-10-0018	米糠粕	浸提或预压浸提，NY/T 1 级	87.0	15.1	2.0	7.5	53.6	8.8	23.3	10.9	0.15	1.82	0.24
23	5-09-0127	大　豆	黄大豆，成熟 NY/T 2 级	87.0	35.5	17.3	4.3	25.7	4.2	7.9	7.3	0.27	0.48	0.30
24	5-09-0128	全脂大豆	湿法膨化，生大豆为 NY/T 2 级	88.0	35.5	18.7	4.6	25.2	4.0	11.0	6.4	0.32	0.40	0.25
25	5-10-0241	大豆饼	机榨 NY/T2 级	89.0	41.8	5.8	4.8	30.7	5.9	18.1	15.5	0.31	0.50	0.25
26	5-10-0103	大豆粕	去皮，浸提或预压浸提 NY/T 1 级	89.0	47.9	1.0	4.0	31.2	4.9	8.8	5.3	0.34	0.65	0.19
27	5-10-0102	大豆粕	浸提或预压浸提 NY/T 2 级	89.0	44.2	1.9	5.2	31.8	6.1	13.6	9.6	0.33	0.62	0.18
28	5-10-0118	棉籽饼	机榨 NY/ T 2 级	88.0	36.3	7.4	12.5	26.1	5.7	32.1	22.9	0.21	0.83	0.28

续表 2-2　猪饲料描述及常规成分

序号	中国饲料号	饲料名称	饲料描述	干物质（%）	粗蛋白质（%）	粗脂肪（%）	粗纤维（%）	无氮浸出物（%）	粗灰分（%）	中性洗涤纤维（%）	酸性洗涤纤维（%）	钙（%）	总磷（%）	非植酸磷（%）
29	5-10-0119	棉籽粕	浸提或预压浸提 NY/T 1 级	90.0	47.0	0.5	10.2	26.3	6.0	22.5	15.3	0.25	1.10	0.38
30	5-10-0117	棉籽粕	浸提或预压浸提 NY/T 2 级	90.0	43.5	0.5	10.5	28.9	6.6	28.4	19.4	0.28	1.04	0.36
31	5-10-0220	棉籽蛋白	脱酚,低温一次浸出,分步萃取	92.0	51.1	1.0	6.9	27.3	5.7	20.0	13.7	0.29	0.89	0.29
32	5-10-0183	菜籽饼	机榨 NY/T 2 级	88.0	35.7	7.4	11.4	26.3	7.2	33.3	26.0	0.59	0.96	0.33
33	5-10-0121	菜籽粕	浸提或预压浸提 NY/T 2 级	88.0	38.6	1.4	11.8	28.9	7.3	20.7	16.8	0.65	1.02	0.35
34	5-10-0116	花生仁饼	机榨 NY/T 2 级	88.0	44.7	7.2	5.9	25.1	5.1	14.0	8.7	0.25	0.53	0.31
35	5-10-0115	花生仁粕	浸提或预压浸提 NY/T 2 级	88.0	47.8	1.4	6.2	27.2	5.4	15.5	11.7	0.27	0.56	0.33
36	1-10-0031	向日葵仁饼	壳仁比 35：65 NY/T 3 级	88.0	29.0	2.9	20.4	31.0	4.7	41.4	29.6	0.24	0.87	0.13
37	5-10-0242	向日葵仁粕	壳仁比 16：84 NY/T 2 级	88.0	36.5	1.0	10.5	34.4	5.6	14.9	13.6	0.27	1.13	0.17

续表 2-2 猪饲料描述及常规成分

序号	中国饲料号	饲料名称	饲料描述	干物质(%)	粗蛋白质(%)	粗脂肪(%)	粗纤维(%)	无氮浸出物(%)	粗灰分(%)	中性洗涤纤维(%)	酸性洗涤纤维(%)	钙(%)	总磷(%)	非植酸磷(%)
38	5-10-0243	向日葵仁粕	壳仁比 24∶76 NY/T 2 级	88.0	33.6	1.0	14.8	38.8	5.3	32.8	23.5	0.26	1.03	0.16
39	5-10-0119	亚麻仁饼	机榨 NY/T 2 级	88.0	32.2	7.8	7.8	34	6.2	29.7	27.1	0.39	0.88	0.38
40	5-10-0120	亚麻仁粕	浸提或预压浸提 NY/T 2 级	88.0	34.8	1.8	8.2	36.6	6.6	21.6	14.4	0.42	0.95	0.42
41	5-10-0246	芝麻饼	机榨,CP 40%	92.0	39.2	10.3	7.2	24.9	10.4	18.0	13.2	2.24	1.19	0.22
42	5-11-0001	玉米蛋白粉	玉米去胚芽、淀粉后的面筋部分 CP60%	90.1	63.5	5.4	1.0	19.2	1.0	8.7	4.6	0.07	0.44	0.17
43	5-11-0002	玉米蛋白粉	同上,中等蛋白质产品,CP 50%	91.2	51.3	7.8	2.1	28.0	2.0	10.1	7.5	0.06	0.42	0.16
44	5-11-0008	玉米蛋白粉	同上,中等蛋白质产品,CP 40%	89.9	44.3	6.0	1.6	37.1	0.9	29.1	8.2	0.12	0.50	0.18
45	5-11-0003	玉米蛋白饲料	玉米去胚芽、淀粉后的含皮残渣	88.0	19.3	7.5	7.8	48.0	5.4	33.6	10.5	0.15	0.70	0.25
46	4-10-0026	玉米胚芽饼	玉米湿磨后的胚芽,机榨	90.0	16.7	9.6	6.3	50.8	6.6	28.5	7.4	0.04	1.45	0.36

续表 2-2 猪饲料描述及常规成分

序号	中国饲料号	饲料名称	饲料描述	干物质(%)	粗蛋白质(%)	粗脂肪(%)	粗纤维(%)	无氮浸出物(%)	粗灰分(%)	中性洗涤纤维(%)	酸性洗涤纤维(%)	钙(%)	总磷(%)	非植酸磷(%)
47	4-10-0244	玉米胚芽粕	玉米湿磨后的胚芽,浸提	90.0	20.8	2.0	6.5	54.8	5.9	38.2	10.7	0.06	1.23	0.31
48	5-11-0007	玉米酒糟蛋白	玉米酒精糟及可溶物,脱水	90.0	28.3	13.7	7.1	36.8	4.1	38.7	15.3	0.20	0.74	0.42
49	5-11-0009	蚕豆粉浆蛋白粉	蚕豆去皮制粉丝后的浆液,脱水	88.0	66.3	4.7	4.1	10.3	2.6	13.7	9.7	—	0.59	—
50	5-11-0004	麦芽根	大麦芽副产品,干燥	89.7	28.3	1.4	12.5	41.4	6.1	40.0	15.1	0.22	0.73	0.17
51	5-13-0044	鱼粉(CP 64.5%)	7样平均值	90.0	64.5	5.6	0.5	8.0	11.4	—	—	3.81	2.83	2.83
52	5-13-0045	鱼粉(CP 62.5%)	8样平均值	90.0	62.5	4.0	0.5	10.0	12.3	—	—	3.96	3.05	3.05
53	5-13-0046	鱼粉(CP 60.2%)	沿海产的海鱼粉,脱脂,12样平均值	90.0	60.2	4.9	0.5	11.6	12.8	—	—	4.04	2.90	2.90
54	5-13-0077	鱼粉(CP 53.5%)	沿海产的海鱼粉,脱脂,11样平均值	90.0	53.5	10.0	0.8	4.9	20.8	—	—	5.88	3.20	3.20

续表 2-2 猪饲料描述及常规成分

序号	中国饲料号	饲料名称	饲料描述	干物质(%)	粗蛋白质(%)	粗脂肪(%)	粗纤维(%)	无氮浸出物(%)	粗灰分(%)	中性洗涤纤维(%)	酸性洗涤纤维(%)	钙(%)	总磷(%)	非植酸磷(%)
55	5-13-0036	血粉	鲜猪血，喷雾干燥	88.0	82.8	0.4	0	1.6	3.2	—	—	0.29	0.31	0.31
56	5-13-0037	羽毛粉	纯净羽毛，水解	88.0	77.9	2.2	0.7	1.4	5.8	—	—	0.20	0.68	0.68
57	5-13-0038	皮革粉	废牛皮，水解	88.0	74.7	0.8	1.6	0	10.9	—	—	4.40	0.15	0.15
58	5-13-0047	肉骨粉	屠宰下脚，带骨干燥粉碎	93.0	50.0	8.5	2.8	0	31.7	32.5	5.6	9.20	4.70	4.70
59	5-13-0048	肉粉	脱脂	94.0	54.0	12.0	1.4	4.3	22.3	31.6	8.3	7.69	3.88	—
60	1-05-0074	苜蓿草粉(CP 19%)	一茬盛花期烘干 NY/T 1级	87.0	19.1	2.3	22.7	35.3	7.6	36.7	25.0	1.40	0.51	0.51
61	1-05-0075	苜蓿草粉(CP 17%)	一茬盛花期烘干 NY/T 2级	87.0	17.2	2.6	25.6	33.3	8.3	39.0	28.6	1.52	0.22	0.22
62	1-05-0076	苜蓿草粉(CP 14%～15%)	NY/T 3级	87.0	14.3	2.1	29.8	33.8	10.1	36.8	2.9	1.34	0.19	0.19
63	5-11-0005	啤酒糟	大麦酿造副产品	88.0	24.3	5.3	13.4	40.8	4.2	39.4	24.6	0.32	0.42	0.14
64	7-15-0001	啤酒酵母	啤酒酵母菌粉，QB/T1940-94	91.7	52.4	0.4	0.6	33.6	4.7	6.1	1.8	0.16	1.02	—

续表 2-2 猪饲料描述及常规成分

序号	中国饲料号	饲料名称	饲料描述	干物质（%）	粗蛋白质（%）	粗脂肪（%）	粗纤维（%）	无氮浸出物（%）	粗灰分（%）	中性洗涤纤维（%）	酸性洗涤纤维（%）	钙（%）	总磷（%）	非植酸磷（%）
65	4-13-0075	乳清粉	乳清，脱水，低乳糖含量	94.0	12.0	0.7	0	71.6	9.7	—	—	0.87	0.79	0.79
66	5-01-0162	酪蛋白	脱水	91.0	88.7	0.8	0	2.4	3.6	—	—	0.63	1.01	0.82
67	5-14-0503	明　胶	食用	90.0	88.6	0.5	0	0.59	0.31	—	—	0.49	0	0
68	4-06-0076	牛奶乳糖	进口，含乳糖80%以上	96.0	4.0	0.5	0	83.5	8.0	—	—	0.52	0.62	0.62
69	4-06-0077	乳　糖	食用	96.0	0.3	—	—	95.7	0	—	—	—	—	—
70	4-06-0078	葡萄糖	食用	90.0	0.3	—	—	89.7	0	—	—	—	—	—
71	4-06-0079	蔗　糖	食用	99.0	0.0	—	—	98.5	0.5	—	—	0.04	0.01	0.01
72	4-02-0889	玉米淀粉	食用	99.0	0.3	0.2	0	98.5	—	—	—	0.00	0.03	0.01
73	4-17-0001	牛　脂		100.0	0	≧99	0	0	0	0	0	0	0	0
74	4-17-0002	猪　油		100.0	0	≧99	0	0	0	0	0	0	0	0
75	4-17-0003	家禽脂肪		100.0	0	≧99	0	0	0	0	0	0	0	0
76	4-17-0004	鱼　油		100.0	0	≧99	0	0	0	0	0	0	0	0
77	4-17-0005	菜籽油		100.0	0	≧99	0	0	0	0	0	0	0	0

续表 2-2 猪饲料描述及常规成分

序号	中国饲料号	饲料名称	饲料描述	干物质(%)	粗蛋白质(%)	粗脂肪(%)	粗纤维(%)	无氮浸出物(%)	粗灰分(%)	中性洗涤纤维(%)	酸性洗涤纤维(%)	钙(%)	总磷(%)	非植酸磷(%)
78	4-17-0006	椰子油		100.0	0	≧ 99	0	0	0	0	0	0	0	0
79	4-07-0007	玉米油		100.0	0	≧ 99	0	0	0	0	0	0	0	0
80	4-17-0008	棉籽油		100.0	0	≧ 99	0	0	0	0	0	0	0	0
81	4-17-0009	棕榈油		100.0	0	≧ 99	0	0	0	0	0	0	0	0
82	4-17-0010	花生油		100.0	0	≧ 99	0	0	0	0	0	0	0	0
83	4-17-0011	芝麻油		100.0	0	≧ 99	0	0	0	0	0	0	0	0
84	4-17-0012	大豆油	粗制	100.0	0	≧ 99	0	0	0	0	0	0	0	0
85	4-17-0013	葵花油		100.0	0	≧ 99	0	0	0	0	0	0	0	0

注：一表示数据不详

表 2-3 猪饲料中的有效能

序号	中国饲料号	饲料名称	消化能		代谢能	
			Mcal/kg	MJ/kg	Mcal/kg	MJ/kg
1	4-07-0278	玉 米	3.44	14.39	3.24	13.57
2	4-07-0288	玉 米	3.45	14.43	3.25	13.6
3	4-07-0279	玉 米	3.41	14.27	3.21	13.43
4	4-07-0280	玉 米	3.39	14.18	3.20	13.39
5	4-07-0272	高 粱	3.15	13.18	2.97	12.43
6	4-07-0270	小 麦	3.39	14.18	3.16	13.22
7	4-07-0274	大麦(裸)	3.24	13.56	3.03	12.68
8	4-07-0277	大麦(皮)	3.02	12.64	2.83	11.84
9	4-07-0281	黑 麦	3.31	13.85	3.10	12.97
10	4-07-0273	稻 谷	2.69	11.25	2.54	10.63
11	4-07-0276	糙 米	3.44	14.39	3.24	13.57
12	4-07-0275	碎 米	3.60	15.06	3.38	14.14
13	4-07-0479	粟(谷子)	3.09	12.93	2.91	12.18
14	4-04-0067	木薯干	3.13	13.10	2.97	12.43
15	4-04-0068	甘薯干	2.82	11.80	2.68	11.21
16	4-08-0104	次 粉	3.27	13.68	3.04	12.72
17	4-08-0105	次 粉	3.21	13.43	2.99	12.51
18	4-08-0069	小麦麸	2.24	9.37	2.08	8.7
19	4-08-0070	小麦麸	2.23	9.33	2.07	8.66
20	4-08-0041	米 糠	3.02	12.64	2.82	11.8
21	4-10-0025	米糠饼	2.99	12.51	2.78	11.63
22	4-10-0018	米糠粕	2.76	11.55	2.57	10.75
23	5-09-0127	大 豆	3.97	16.61	3.53	14.77
24	5-09-0128	全脂大豆	4.24	17.74	3.77	15.77

续表 2-3

序号	中国饲料号	饲料名称	消化能		代谢能	
			Mcal/kg	MJ/kg	Mcal/kg	MJ/kg
25	5-10-0241	大豆饼	3.44	14.39	3.01	12.59
26	5-10-0103	大豆粕	3.60	15.06	3.11	13.01
27	5-10-0102	大豆粕	3.41	14.26	2.97	12.43
28	5-10-0118	棉籽饼	2.37	9.92	2.10	8.79
29	5-10-0119	棉籽粕	2.25	9.41	1.95	8.28
30	5-10-0117	棉籽粕	2.31	9.68	2.01	8.43
31	5-10-0220	棉籽蛋白	2.45	10.25	2.13	8.91
32	5-10-0183	菜籽饼	2.88	12.05	2.56	10.71
33	5-10-0121	菜籽粕	2.53	10.59	2.23	9.33
34	5-10-0116	花生仁饼	3.08	12.89	2.68	11.21
35	5-10-0115	花生仁粕	2.97	12.43	2.56	10.71
36	5-10-0031	向日葵仁饼	1.89	7.91	1.70	7.11
37	5-10-0242	向日葵仁粕	2.78	11.63	2.46	10.29
38	5-10-0243	向日葵仁粕	2.49	10.42	2.22	9.29
39	5-10-0119	亚麻仁饼	2.90	12.13	2.60	10.88
40	5-10-0120	亚麻仁粕	2.37	9.92	2.11	8.83
41	5-10-0246	芝麻饼	3.20	13.39	2.82	11.80
42	5-11-0001	玉米蛋白粉	3.60	15.06	3.00	12.55
43	5-11-0002	玉米蛋白粉	3.73	15.61	3.19	13.35
44	5-11-0008	玉米蛋白粉	3.59	15.02	3.13	13.10
45	5-11-0003	玉米蛋白饲料	2.48	10.38	2.28	9.54
46	4-10-0026	玉米胚芽饼	3.51	14.69	3.25	13.60
47	4-10-0244	玉米胚芽粕	3.28	13.72	3.01	12.59
48	5-11-0007	玉米酒糟蛋白	3.43	14.35	3.1	12.97

续表 2-3

序号	中国饲料号	饲料名称	消化能		代谢能	
			Mcal/kg	MJ/kg	Mcal/kg	MJ/kg
49	5-11-0009	蚕豆粉浆蛋白粉	3.23	13.51	2.69	11.25
50	5-11-0004	麦芽根	2.31	9.67	2.09	8.74
51	5-13-0044	鱼粉（CP 64.5%）	3.15	13.18	2.61	10.92
52	5-13-0045	鱼粉（CP 62.5%）	3.10	12.97	2.58	10.79
53	5-13-0046	鱼粉（CP 60.2%）	3.00	12.55	2.52	10.54
54	5-13-0077	鱼粉（CP 53.5%）	3.09	12.93	2.63	11.00
55	5-13-0036	血 粉	2.73	11.42	2.16	9.04
56	5-13-0037	羽毛粉	2.77	11.59	2.22	9.29
57	5-13-0038	皮革粉	2.75	11.51	2.23	9.33
58	5-13-0047	肉骨粉	2.83	11.84	2.43	10.17
59	5-13-0048	肉 粉	2.70	11.30	2.30	9.62
60	1-05-0074	苜蓿草粉（CP 19%）	1.66	6.95	1.53	6.40
61	1-05-0075	苜蓿草粉（CP 17%）	1.46	6.11	1.35	5.65
62	1-05-0076	苜蓿草粉（CP 14%～15%）	1.49	6.23	1.39	5.82
63	5-11-0005	啤酒糟	2.25	9.41	2.05	8.58
64	7-15-0001	啤酒酵母	3.54	14.81	3.02	12.64
65	4-13-0075	乳清粉	3.44	14.39	3.22	13.47
66	5-01-0162	酪蛋白	4.13	17.27	3.22	13.47

续表 2-3

序号	中国饲料号	饲料名称	消化能		代谢能	
			Mcal/kg	MJ/kg	Mcal/kg	MJ/kg
67	5-14-0503	明　胶	2.80	11.72	2.19	9.16
68	4-06-0076	牛奶乳糖	3.37	14.10	3.21	13.43
69	4-06-0077	乳　糖	3.53	14.77	3.39	14.18
70	4-06-0078	葡萄糖	3.36	14.06	3.22	13.47
71	4-06-0079	蔗　糖	3.80	15.90	3.65	15.27
72	4-02-0889	玉米淀粉	4.00	16.74	3.84	16.07
73	4-17-0001	牛　脂	8.00	33.47	7.68	32.13
74	4-17-0002	猪　油	8.29	34.69	7.96	33.30
75	4-17-0003	家禽脂肪	8.52	35.65	8.18	34.23
76	4-17-0004	鱼　油	8.44	35.31	8.10	33.89
77	4-17-0005	菜籽油	8.75	36.61	8.41	35.19
78	4-17-0006	椰子油	8.40	35.15	8.40	35.15
79	4-07-0007	玉米油	8.75	36.61	8.06	33.69
80	4-17-0008	棉籽油	8.60	35.98	8.26	34.43
81	4-17-0009	棕榈油	8.01	33.51	7.69	32.17
82	4-17-0010	花生油	8.73	36.53	8.38	35.06
83	4-17-0011	芝麻油	8.75	36.61	8.40	35.15
84	4-17-0012	大豆油	8.75	36.61	8.40	35.15
85	4-17-0013	葵花油	8.76	36.65	8.41	35.19

表 2-4 猪饲料中的氨基酸

序号	中国饲料号	饲料名称	精氨酸(%)	组氨酸(%)	异亮氨酸(%)	亮氨酸(%)	赖氨酸(%)	蛋氨酸(%)	胱氨酸(%)	苯丙氨酸(%)	苏氨酸(%)	色氨酸(%)	缬氨酸(%)
1	4-07-0278	玉 米	0.38	0.23	0.26	1.03	0.26	0.19	0.22	0.43	0.31	0.08	0.40
2	4-07-0288	玉 米	0.50	0.29	0.27	0.74	0.36	0.15	0.18	0.37	0.30	0.08	0.46
3	4-07-0279	玉 米	0.39	0.21	0.25	0.93	0.24	0.18	0.20	0.41	0.30	0.07	0.38
4	4-07-0280	玉 米	0.37	0.20	0.24	0.93	0.23	0.15	0.15	0.38	0.29	0.06	0.35
5	4-07-0272	高 粱	0.33	0.18	0.35	1.08	0.18	0.17	0.12	0.45	0.26	0.08	0.44
6	4-07-0270	小 麦	0.58	0.27	0.44	0.80	0.30	0.25	0.24	0.58	0.33	0.15	0.56
7	4-07-0274	大麦(裸)	0.64	0.16	0.43	0.87	0.44	0.14	0.25	0.68	0.43	0.16	0.63
8	4-07-0277	大麦(皮)	0.65	0.24	0.52	0.91	0.42	0.18	0.18	0.59	0.41	0.12	0.64
9	4-07-0281	黑 麦	0.50	0.25	0.40	0.64	0.37	0.16	0.25	0.49	0.34	0.12	0.52
10	4-07-0273	稻 谷	0.57	0.15	0.32	0.58	0.29	0.19	0.16	0.40	0.25	0.10	0.47
11	4-07-0276	糙 米	0.65	0.17	0.30	0.61	0.32	0.20	0.14	0.35	0.28	0.12	0.49
12	4-07-0275	碎 米	0.78	0.27	0.39	0.74	0.42	0.22	0.17	0.49	0.38	0.12	0.57
13	4-07-0479	粟(谷子)	0.30	0.20	0.36	1.15	0.15	0.25	0.20	0.49	0.35	0.17	0.42
14	4-04-0067	木薯干	0.40	0.05	0.11	0.15	0.13	0.05	0.04	0.10	0.10	0.03	0.13
15	4-04-0068	甘薯干	0.16	0.08	0.17	0.26	0.16	0.06	0.08	0.19	0.18	0.05	0.27

续表 2-4

序号	中国饲料号	饲料名称	精氨酸(%)	组氨酸(%)	异亮氨酸(%)	亮氨酸(%)	赖氨酸(%)	蛋氨酸(%)	胱氨酸(%)	苯丙氨酸(%)	苏氨酸(%)	色氨酸(%)	缬氨酸(%)
16	4-08-0104	次　粉	0.86	0.41	0.55	1.06	0.59	0.23	0.37	0.66	0.50	0.21	0.72
17	4-08-0105	次　粉	0.85	0.33	0.48	0.98	0.52	0.16	0.33	0.63	0.50	0.18	0.68
18	4-08-0069	小麦麸	0.97	0.39	0.46	0.81	0.58	0.13	0.26	0.58	0.43	0.20	0.63
19	4-08-0070	小麦麸	0.88	0.35	0.42	0.74	0.53	0.12	0.24	0.53	0.39	0.18	0.57
20	4-08-0041	米　糠	1.06	0.39	0.63	1.00	0.74	0.25	0.19	0.63	0.48	0.14	0.81
21	4-10-0025	米糠饼	1.19	0.43	0.72	1.06	0.66	0.26	0.30	0.76	0.53	0.15	0.99
22	4-10-0018	米糠粕	1.28	0.46	0.78	1.3	0.72	0.28	0.32	0.82	0.57	0.17	1.07
23	5-09-0127	大　豆	2.57	0.59	1.28	2.72	2.20	0.56	0.70	1.42	1.41	0.45	1.50
24	5-09-0128	全脂大豆	2.63	0.63	1.32	2.68	2.37	0.55	0.76	1.39	1.42	0.49	1.53
25	5-10-0241	大豆饼	2.53	1.10	1.57	2.75	2.43	0.60	0.62	1.79	1.44	0.64	1.70
26	5-10-0103	大豆粕	3.67	1.36	2.05	3.74	2.87	0.67	0.73	2.52	1.93	0.69	2.15
27	5-10-0102	大豆粕	3.19	1.09	1.80	3.26	2.66	0.62	0.68	2.23	1.92	0.64	1.99
28	5-10-0118	棉籽饼	3.94	0.90	1.16	2.07	1.40	0.41	0.70	1.88	1.14	0.39	1.51
29	5-10-0119	棉籽粕	4.98	1.26	1.40	2.67	2.13	0.56	0.66	2.43	1.35	0.54	2.05
30	5-10-0117	棉籽粕	4.65	1.19	1.29	2.47	1.97	0.58	0.68	2.28	1.25	0.51	1.91

续表 2-4

序号	中国饲料号	饲料名称	精氨酸(%)	组氨酸(%)	异亮氨酸(%)	亮氨酸(%)	赖氨酸(%)	蛋氨酸(%)	胱氨酸(%)	苯丙氨酸(%)	苏氨酸(%)	色氨酸(%)	缬氨酸(%)
31	5-10-0220	棉籽蛋白	6.08	1.58	1.72	3.13	2.26	0.86	1.04	2.94	1.60	—	2.48
32	5-10-0183	菜籽饼	1.82	0.83	1.24	2.26	1.33	0.60	0.82	1.35	1.40	0.42	1.62
33	5-10-0121	菜籽粕	1.83	0.86	1.29	2.34	1.30	0.63	0.87	1.45	1.49	0.43	1.74
34	5-10-0116	花生仁饼	4.60	0.83	1.18	2.36	1.32	0.39	0.38	1.81	1.05	0.42	1.28
35	5-10-0115	花生仁粕	4.88	0.88	1.25	2.50	1.40	0.41	0.40	1.92	1.11	0.45	1.36
36	1-10-0031	向日葵仁饼	2.44	0.62	1.19	1.76	0.96	0.59	0.43	1.21	0.98	0.28	1.35
37	5-10-0242	向日葵仁粕	3.17	0.81	1.51	2.25	1.22	0.72	0.62	1.56	1.25	0.47	1.72
38	5-10-0243	向日葵仁粕	2.89	0.74	1.39	2.07	1.13	0.69	0.50	1.43	1.14	0.37	1.58
39	5-10-0119	亚麻仁饼	2.35	0.51	1.15	1.62	0.73	0.46	0.48	1.32	1.00	0.48	1.44
40	5-10-0120	亚麻仁粕	3.59	0.64	1.33	1.85	1.16	0.55	0.55	1.51	1.10	0.70	1.51
41	5-10-0246	芝麻饼	2.38	0.81	1.42	2.52	0.82	0.82	0.75	1.68	1.29	0.49	1.84
42	5-11-0001	玉米蛋白粉	1.90	1.18	2.85	11.59	0.97	1.42	0.96	4.10	2.08	0.36	2.98
43	5-11-0002	玉米蛋白粉	1.48	0.89	1.75	7.87	0.92	1.14	0.76	2.83	1.59	0.31	2.05
44	5-11-0008	玉米蛋白粉	1.31	0.78	1.63	7.08	0.71	1.04	0.65	2.61	1.38	—	1.84
45	5-11-0003	玉米蛋白饲料	0.77	0.56	0.62	1.82	0.63	0.29	0.33	0.7	0.68	0.14	0.93

续表 2-4

序号	中国饲料号	饲料名称	精氨酸(%)	组氨酸(%)	异亮氨酸(%)	亮氨酸(%)	赖氨酸(%)	蛋氨酸(%)	胱氨酸(%)	苯丙氨酸(%)	苏氨酸(%)	色氨酸(%)	缬氨酸(%)
46	4-10-0026	玉米胚芽饼	1.16	0.45	0.53	1.25	0.70	0.31	0.47	0.64	0.64	0.16	0.91
47	4-10-0244	玉米胚芽粕	1.51	0.62	0.77	1.54	0.75	0.21	0.28	0.93	0.68	0.18	1.66
48	5-11-0007	玉米酒糟蛋白	0.98	0.59	0.98	2.63	0.59	0.59	0.39	1.93	0.92	0.19	1.30
49	5-11-0009	蚕豆粉浆蛋白粉	5.96	1.66	2.90	5.88	4.44	0.6	0.57	3.34	2.31	—	3.20
50	5-11-0004	麦芽根	1.22	0.54	1.08	1.58	1.30	0.37	0.26	0.85	0.96	0.42	1.44
51	5-13-0044	鱼粉（CP 64.5%）	3.91	1.75	2.68	4.99	5.22	1.71	0.58	2.71	2.87	0.78	3.25
52	5-13-0045	鱼粉（CP 62.5%）	3.86	1.83	2.79	5.06	5.12	1.66	0.55	2.67	2.78	0.75	3.14
53	5-13-0046	鱼粉（CP 60.2%）	3.57	1.71	2.68	4.80	4.72	1.64	0.52	2.35	2.57	0.70	3.17
54	5-13-0077	鱼粉（CP 53.5%）	3.24	1.29	2.30	4.30	3.87	1.39	0.49	2.22	2.51	0.60	2.77
55	5-13-0036	血粉	2.99	4.40	0.75	8.38	6.67	0.74	0.98	5.23	2.86	1.11	6.08
56	5-13-0037	羽毛粉	5.30	0.58	4.21	6.78	1.65	0.59	2.93	3.57	3.51	0.40	6.05
57	5-13-0038	皮革粉	4.45	0.40	1.06	2.53	2.18	0.80	0.16	1.56	0.71	0.50	1.91

续表 2-4

序号	中国饲料号	饲料名称	精氨酸(%)	组氨酸(%)	异亮氨酸(%)	亮氨酸(%)	赖氨酸(%)	蛋氨酸(%)	胱氨酸(%)	苯丙氨酸(%)	苏氨酸(%)	色氨酸(%)	缬氨酸(%)
58	5-13-0047	肉骨粉	3.35	0.96	1.70	3.20	2.60	0.67	0.33	1.70	1.63	0.26	2.25
59	5-13-0048	肉　粉	3.60	1.14	1.60	3.84	3.07	0.80	0.60	2.17	1.97	0.35	2.66
60	1-05-0074	苜蓿草粉(CP 19%)	0.78	0.39	0.68	1.20	0.82	0.21	0.22	0.82	0.74	0.43	0.91
61	1-05-0075	苜蓿草粉(CP 17%)	0.74	0.32	0.66	1.10	0.81	0.20	0.16	0.81	0.69	0.37	0.85
62	1-05-0076	苜蓿草粉(CP 14%～15%)	0.61	0.19	0.58	1.00	0.60	0.18	0.15	0.59	0.45	0.24	0.58
63	5-11-0005	啤酒糟	0.98	0.51	1.18	1.08	0.72	0.52	0.35	2.35	0.81	0.28	1.66
64	7-15-0001	啤酒酵母	2.67	1.11	2.85	4.76	3.38	0.83	0.50	4.07	2.33	2.08	3.40
65	4-13-0075	乳清粉	0.40	0.20	0.90	1.20	1.10	0.20	0.30	0.40	0.80	0.20	0.70
66	5-01-0162	酪蛋白	3.26	2.82	4.66	8.79	7.35	2.70	0.41	4.79	3.98	1.14	6.10
67	5-14-0503	明　胶	6.60	0.66	1.42	2.91	3.62	0.76	0.12	1.74	1.82	0.05	2.26
68	4-06-0076	牛奶乳糖	0.29	0.10	0.10	0.18	0.16	0.03	0.04	0.10	0.10	0.10	0.10

表 2-5　猪饲料中的矿物元素

序号	中国饲料号	饲料名称	钠 (%)	氯 (%)	镁 (%)	钾 (%)	铁 (%)	铜 (%)	锰 (%)	锌 (%)	硒 (%)
1	4-07-0278	玉　米	0.01	0.04	0.11	0.29	36	3.4	5.8	21.1	0.04
2	4-07-0288	玉　米	0.01	0.04	0.11	0.29	36	3.4	5.8	21.1	0.04
3	4-07-0279	玉　米	0.02	0.04	0.12	0.30	37	3.3	6.1	19.2	0.03
4	4-07-0280	玉　米	0.02	0.04	0.12	0.30	37	3.3	6.1	19.2	0.03
5	4-07-0272	高　粱	0.03	0.09	0.15	0.34	87	7.6	17.1	20.1	0.05
6	4-07-0270	小　麦	0.06	0.07	0.11	0.50	88	7.9	45.9	29.7	0.05
7	4-07-0274	大麦(裸)	0.04	—	0.11	0.60	100	7.0	18.0	30.0	0.16
8	4-07-0277	大麦(皮)	0.02	0.15	0.14	0.56	87	5.6	17.5	23.6	0.06
9	4-07-0281	黑　麦	0.02	0.04	0.12	0.42	117	7.0	53.0	35.0	0.40
10	4-07-0273	稻　谷	0.04	0.07	0.07	0.34	40	3.5	20.0	8.0	0.04
11	4-07-0276	糙　米	0.04	0.06	0.14	0.34	78	3.3	21.0	10.0	0.07
12	4-07-0275	碎　米	0.07	0.08	0.11	0.13	62	8.8	47.5	36.4	0.06
13	4-07-0479	粟(谷子)	0.04	0.14	0.16	0.43	270	24.5	22.5	15.9	0.08
14	4-04-0067	木薯干	0.03	0	0.11	0.78	150	4.2	6.0	14.0	0.04
15	4-04-0068	甘薯干	0.16	0	0.08	0.36	107	6.1	10.0	9.0	0.07

续表 2-5

序号	中国饲料号	饲料名称	钠（%）	氯（%）	镁（%）	钾（%）	铁（%）	铜（%）	锰（%）	锌（%）	硒（%）
16	4-08-0104	次　粉	0.60	0.04	0.41	0.6	140	11.6	94.2	73.0	0.07
17	4-08-0105	次　粉	0.60	0.04	0.41	0.6	140	11.6	94.2	73.0	0.07
18	4-08-0069	小麦麸	0.07	0.07	0.52	1.19	170	13.8	104.3	96.5	0.07
19	4-08-0070	小麦麸	0.07	0.07	0.47	1.19	157	16.5	80.6	104.7	0.05
20	4-08-0041	米　糠	0.07	0.07	0.90	1.73	304	7.1	175.9	50.3	0.09
21	4-10-0025	米糠饼	0.08	—	1.26	1.80	400	8.7	211.6	56.4	0.09
22	4-10-0018	米糠粕	0.09	0.10	—	1.80	432	9.4	228.4	60.9	0.10
23	5-09-0127	大　豆	0.02	0.03	0.28	1.70	111	18.1	21.5	40.7	0.06
24	5-09-0128	全脂大豆	0.02	0.03	0.28	1.70	111	18.1	21.5	40.7	0.06
25	5-10-0241	大豆饼	0.02	0.02	0.25	1.77	187	19.8	32.0	43.4	0.04
26	5-10-0103	大豆粕	0.03	0.05	0.28	2.05	185	24.0	38.2	46.4	0.10
27	5-10-0102	大豆粕	0.03	0.05	0.28	1.72	185	24.0	28.0	46.4	0.06
28	5-10-0118	棉籽饼	0.04	0.14	0.52	1.2	266	11.6	17.8	44.9	0.11
29	5-10-0119	棉籽粕	0.04	0.04	0.40	1.16	263	14.0	18.7	55.5	0.15
30	5-10-0117	棉籽粕	0.04	0.04	0.40	1.16	263	14.0	18.7	55.5	0.15

续表 2-5

序号	中国饲料号	饲料名称	钠 (%)	氯 (%)	镁 (%)	钾 (%)	铁 (%)	铜 (%)	锰 (%)	锌 (%)	硒 (%)
31	5-10-0183	菜籽饼	0.02	—	—	1.34	687	7.2	78.1	59.2	0.29
32	5-10-0121	菜籽粕	0.09	0.11	0.51	1.40	653	7.1	82.2	67.5	0.16
33	5-10-0116	花生仁饼	0.04	0.03	0.33	1.14	347	23.7	36.7	52.5	0.06
34	5-10-0115	花生仁粕	0.07	0.03	0.31	1.23	368	25.1	38.9	55.7	0.06
35	1-10-0031	向日葵仁饼	0.02	0.01	0.75	1.17	424	45.6	41.5	62.1	0.09
36	5-10-0242	向日葵仁粕	0.20	0.01	0.75	1.00	226	32.8	34.5	82.7	0.06
37	5-10-0243	向日葵仁粕	0.20	0.10	0.68	1.23	310	35.0	35.0	80.0	0.08
38	5-10-0119	亚麻仁饼	0.09	0.04	0.58	1.25	204	27.0	40.3	36.0	0.18
39	5-10-0120	亚麻仁粕	0.14	0.05	0.56	1.38	219	25.5	43.3	38.7	0.18
40	5-10-0246	芝麻饼	0.04	0.05	0.50	1.39	1780	50.4	32.0	2.4	0.21
41	5-11-0001	玉米蛋白粉	0.01	0.05	0.08	0.30	230	1.9	5.9	19.2	0.02
42	5-11-0002	玉米蛋白粉	0.02	—	—	0.35	332	10.0	78.0	49.0	—
43	5-11-0008	玉米蛋白粉	0.02	0.08	0.05	0.40	400	28.0	70	—	1.00
44	5-11-0003	玉米蛋白饲料	0.12	0.22	0.42	1.30	282	10.7	77.1	59.2	0.23
45	4-10-0026	玉米胚芽饼	0.01	0.12	0.10	0.30	99	12.8	19.0	108.1	—

续表 2-5

序号	中国饲料号	饲料名称	钠（%）	氯（%）	镁（%）	钾（%）	铁（%）	铜（%）	锰（%）	锌（%）	硒（%）
46	4-10-0244	玉米胚芽粕	0.01	—	0.16	0.69	214	7.7	23.3	126.6	0.33
47	5-11-0007	玉米酒糟蛋白	0.88	0.17	0.35	0.98	197	43.9	29.5	83.5	0.37
48	5-11-0009	蚕豆粉浆蛋白粉	0.01	—	—	0.06	—	22.0	16.0	—	—
49	5-11-0004	麦芽根	0.06	0.59	0.16	2.18	198	5.3	67.8	42.4	0.60
50	5-13-0044	鱼粉（CP 64.5 %）	0.88	0.60	0.24	0.90	226	9.1	9.2	98.9	2.70
51	5-13-0045	鱼粉（CP 62.5 %）	0.78	0.61	0.16	0.83	181	6.0	12.0	90.0	1.62
52	5-13-0046	鱼粉（CP 60.2 %）	0.97	0.61	0.16	1.10	80	8.0	10.0	80.0	1.50
53	5-13-0077	鱼粉（CP 53.5 %）	1.15	0.61	0.16	0.94	292	8.0	9.7	88.0	1.94
54	5-13-0036	血　粉	0.31	0.27	0.16	0.90	2100	8.0	2.3	14.0	0.70
55	5-13-0037	羽毛粉	0.31	0.26	0.20	0.18	73	6.8	8.8	53.8	0.80
56	5-13-0038	皮革粉	—	—	—	—	131	11.1	25.2	89.8	—
57	5-13-0047	肉骨粉	0.73	0.75	1.13	1.40	500	1.5	12.3	90.0	0.25
58	5-13-0048	肉　粉	0.80	0.97	0.35	0.57	440	10.0	10.0	94.0	0.37
59	1-05-0074	苜蓿草粉（CP 19%）	0.09	0.38	0.30	2.08	372	9.1	30.7	17.1	0.46

续表 2-5

序号	中国饲料号	饲料名称	钠（%）	氯（%）	镁（%）	钾（%）	铁（%）	铜（%）	锰（%）	锌（%）	硒（%）
60	1-05-0075	苜蓿草粉（CP 17%）	0.17	0.46	0.36	2.40	361	9.7	30.7	21.0	0.46
61	1-05-0076	苜蓿草粉（CP 14%～15%）	0.11	0.46	0.36	2.22	437	9.1	33.2	22.6	0.48
62	5-11-0005	啤酒糟	0.25	0.12	0.19	0.08	274	20.1	35.6	104.0	0.41
63	7-15-0001	啤酒酵母	0.10	0.12	0.23	1.70	248	61.0	22.3	86.7	1.00
64	4-13-0075	乳清粉	2.11	0.14	0.13	1.81	160	43.1	4.6	3.0	0.06
65	5-01-0162	酪蛋白	0.01	0.04	0.01	0.01	14	4.0	4.0	30.0	0.16
66	5-14-0503	明　胶	—	—	0.05	—	—	—	—	—	—
67	4-06-0076	牛奶乳糖	—	—	0.15	2.40	—	—	—	—	—

表 2-6　猪饲料中的维生素和脂肪酸

序号	中国饲料号	饲料名称	胡萝卜素(mg/kg)	维生素E mg/kg	维生素 B_1(mg/kg)	维生素 B_2(mg/kg)	泛酸(mg/kg)	烟酸(mg/kg)	生物素(mg/kg)	叶酸(mg/kg)	胆碱(mg/kg)	维生素 B_6(mg/kg)	维生素 B_{12}(mg/kg)	亚油酸%
1	4-07-0278	玉　米	—	22.0	3.5	1.1	5.0	24.0	0.06	0.15	620	10.0	—	2.20
2	4-07-0288	玉　米	—	22.0	3.5	1.1	5.0	24.0	0.06	0.15	620	10.0	—	2.20
3	4-07-0279	玉　米	0.8	22.0	2.6	1.1	3.9	21.0	0.08	0.12	620	10.0	0	2.20
4	4-07-0280	玉　米	—	22.0	2.6	1.1	3.9	21.0	0.08	0.12	620	10.0	—	2.20
5	4-07-0272	高　粱	—	7.0	3.0	1.3	12.4	41.0	0.26	0.20	668	5.2	0	1.13
6	4-07-0270	小　麦	0.4	13.0	4.6	1.3	11.9	51.0	0.11	0.36	1040	3.7	0	0.59
7	4-07-0274	大麦(裸)	—	48.0	4.1	1.4	—	87.0	—	—	—	19.3	0	—
8	4-07-0277	大麦(皮)	4.1	20.0	4.5	1.8	8.0	55.0	0.15	0.07	990	4.0	0	0.83
9	4-07-0281	黑　麦	—	15.0	3.6	1.5	8.0	16.0	0.06	0.60	440	2.6	0	0.76
10	4-07-0273	稻　谷	—	16.0	3.1	1.2	3.7	34.0	0.08	0.45	900	28.0	0	0.28
11	4-07-0276	糙　米	—	13.5	2.8	1.1	11.0	30.0	0.08	0.4	1014	0.04	0	—
12	4-07-0275	碎　米	—	14.0	1.4	0.7	8.0	30.0	0.08	0.20	800	28.0	0	—
13	4-07-0479	粟(谷子)	1.2	36.3	6.6	1.6	7.4	53.0	—	15.00	790	—	—	0.84
14	4-04-0067	木薯干	—	—	1.7	0.8	1.0	3.0	—	—	—	1.0	0	0.10
15	4-04-0068	甘薯干	—	—	—	—	—	—	—	—	—	—	—	—

续表 2-6

序号	中国饲料号	饲料名称	胡萝卜素 (mg/kg)	维生素E (mg/kg)	维生素 B_1 (mg/kg)	维生素 B_2 (mg/kg)	泛酸 (mg/kg)	烟酸 (mg/kg)	生物素 (mg/kg)	叶酸 (mg/kg)	胆碱 (mg/kg)	维生素 B_6 (mg/kg)	维生素 B_{12} (mg/kg)	亚油酸 %
16	4-08-0104	次　粉	3.0	20.0	16.5	1.8	15.6	72.0	0.33	0.76	1187	9.0	0	1.74
17	4-08-0105	次　粉	3.0	20.0	16.5	1.8	15.6	72.0	0.33	0.76	1187	9.0	—	1.74
18	4-08-0069	小麦麸	1.0	14.0	8.0	4.6	31.0	186.0	0.36	0.63	980	7.0	0	1.70
19	4-08-0070	小麦麸	1.0	14.0	8.0	4.6	31.0	186.0	0.36	0.63	980	7.0	0	1.70
20	4-08-0041	米　糠	—	60.0	22.5	2.5	23.0	293.0	0.42	2.20	1135	14.0	0	3.57
21	4-10-0025	米糠饼	—	11.0	24.0	2.9	94.9	689.0	0.70	0.88	1700	54.0	40	—
22	4-10-0018	米糠粕	—	—	—	—	—	—	—	—	—	—	—	—
23	5-09-0127	大　豆	—	40.0	12.3	2.9	17.4	24.0	0.42	2.00	3200	12.0	0	8.00
24	5-09-0128	全脂大豆	—	40.0	12.3	2.9	17.4	24.0	0.42	4.00	3200	12.0	0	8.00
25	5-10-0241	大豆饼	—	6.6	1.7	4.4	13.8	37	0.32	0.45	2673	10	0	—
26	5-10-0103	大豆粕	0.2	3.1	4.6	3.0	16.4	30.7	0.33	0.81	2858	6.1	0	0.51
27	5-10-0102	大豆粕	0.2	3.1	4.6	3.0	16.4	30.7	0.33	0.81	2858	6.1	0	0.51
28	5-10-0118	棉籽饼	0.2	16.0	6.4	5.1	10.0	38.0	0.53	1.65	2753	5.3	0	2.47
29	5-10-0119	棉籽粕	0.2	15.0	7.0	5.5	12.0	40.0	0.30	2.51	2933	5.1	0	1.51
30	5-10-0117	棉籽粕	0.2	15.0	7.0	5.5	12.0	40.0	0.30	2.51	2933	5.1	0	1.51

续表 2-6

序号	中国饲料号	饲料名称	胡萝卜素（mg/kg）	维生素 E（mg/kg）	维生素 B_1（mg/kg）	维生素 B_2（mg/kg）	泛酸（mg/kg）	烟酸（mg/kg）	生物素（mg/kg）	叶酸（mg/kg）	胆碱（mg/kg）	维生素 B_6（mg/kg）	维生素 B_{12}（mg/kg）	亚油酸 %
31	5-10-0183	菜籽饼	—	—	—	—	—	—	—	—	—	—	—	—
32	5-10-0121	菜籽粕	—	54.0	5.2	3.7	9.5	160.0	0.98	0.95	6700	7.2	0	0.42
33	5-10-0116	花生仁饼	—	3.0	7.1	5.2	47.0	166.0	0.33	0.40	1655	10.0	0	1.43
34	5-10-0115	花生仁粕	—	3.0	5.7	11.0	53.0	173.0	0.39	0.39	1854	10.0	0	0.24
35	1-10-0031	向日葵仁饼	—	0.9	—	18.0	4.0	86.0	1.40	0.40	800	—	—	—
36	5-10-0242	向日葵仁粕	—	0.7	4.6	2.3	39.0	22.0	1.70	1.60	3260	17.2	—	—
37	5-10-0243	向日葵仁粕	—	—	3.0	3.0	29.9	14.0	1.40	1.14	3100	11.1	0	0.98
38	5-10-0119	亚麻仁饼	—	7.7	2.6	4.1	16.5	37.4	0.36	2.90	1672	6.1	—	1.07
39	5-10-0120	亚麻仁粕	0.2	5.8	7.5	3.2	14.7	33.0	0.41	0.34	1512	6.0	200	0.36
40	5-10-0246	芝麻饼	0.2	0.3	2.8	3.6	6.0	30.0	2.40	—	1536	12.5	0	1.90
41	5-11-0001	玉米蛋白粉	44.0	25.5	0.3	2.2	3.0	55.0	0.15	0.20	330	6.9	50	1.17
42	5-11-0002	玉米蛋白粉	—	—	—	—	—	—	—	—	—	—	—	—
43	5-11-0008	玉米蛋白粉	16.0	19.9	0.2	1.5	9.6	54.5	0.15	0.22	330	—	—	—
44	5-11-0003	玉米蛋白饲料	8.0	14.8	2.0	2.4	17.8	75.5	0.22	0.28	1700	13.0	250	1.43
45	4-10-0026	玉米胚芽饼	2.0	87.0	—	3.7	3.3	42.0	—	—	1936	—	—	1.47

续表 2-6

序号	中国饲料号	饲料名称	胡萝卜素(mg/kg)	维生素E(mg/kg)	维生素B_1(mg/kg)	维生素B_2(mg/kg)	泛酸(mg/kg)	烟酸(mg/kg)	生物素(mg/kg)	叶酸(mg/kg)	胆碱(mg/kg)	维生素B_6(mg/kg)	维生素B_{12}(mg/kg)	亚油酸%
46	4-10-0244	玉米胚芽粕	2.0	80.8	1.1	4.0	4.4	37.7	0.22	0.20	2000	—	—	1.47
47	5-11-0007	玉米酒糟蛋白	3.5	40.0	3.5	8.6	11.0	75.0	0.30	0.88	2637	2.28	10	2.15
48	5-11-0009	蚕豆粉浆蛋白粉	—	—	—	—	—	—	—	—	—	—	—	—
49	5-11-0004	麦芽根	—	4.2	0.7	1.5	8.6	43.3	—	0.20	1548	—	—	0.46
50	5-13-0044	鱼粉(CP 64.5%)	—	5.0	0.3	7.1	15.0	100.0	0.23	0.37	4408	4.0	352	0.20
51	5-13-0045	鱼粉(CP 62.5%)	—	5.7	0.2	4.9	9.0	55.0	0.15	0.30	3099	4.0	150	0.12
52	5-13-0046	鱼粉(CP 60.2%)	—	7.0	0.5	4.9	9.0	55.0	0.20	0.30	3056	4.0	104	0.12
53	5-13-0077	鱼粉(CP 53.5%)	—	5.6	0.4	8.8	8.8	65.0	—	—	3000	—	143	—
54	5-13-0036	血粉	—	1.0	0.4	1.6	1.2	23.0	0.09	0.11	800	4.4	50	0.10
55	5-13-0037	羽毛粉	—	7.3	0.1	2.0	10.0	27.0	0.04	0.20	880	3.0	71	0.83
56	5-13-0038	皮革粉	—	—	—	—	—	—	—	—	—	—	—	—
57	5-13-0047	肉骨粉	—	0.8	0.2	5.2	4.4	59.4	0.14	0.60	2000	4.6	100	0.72

续表 2-6

序号	中国饲料号	饲料名称	胡萝卜素(mg/kg)	维生素E(mg/kg)	维生素B_1(mg/kg)	维生素B_2(mg/kg)	泛酸(mg/kg)	烟酸(mg/kg)	生物素(mg/kg)	叶酸(mg/kg)	胆碱(mg/kg)	维生素B_6(mg/kg)	维生素B_{12}(mg/kg)	亚油酸%
58	5-13-0048	肉 粉	—	1.2	0.6	4.7	5.0	57.0	0.08	0.50	2077	2.4	80	0.80
59	1-05-0074	苜蓿草粉(CP 19%)	94.6	144.0	5.8	15.5	34.0	40.0	0.35	4.36	1419	8.0	0	0.44
60	1-05-0075	苜蓿草粉(CP 17%)	94.6	125.0	3.4	13.6	29.0	38.0	0.30	4.20	1401	6.5	0	0.35
61	1-05-0076	苜蓿草粉(CP 14%~15%)	63.0	98.0	3.0	10.6	20.8	41.8	0.25	1.54	1548	—	—	—
62	5-11-0005	啤酒糟	0.2	27.0	0.6	1.5	8.6	43.0	0.24	0.24	1723	0.7	0	2.94
63	7-15-0001	啤酒酵母	—	2.2	91.8	37.0	109.0	448.0	0.63	9.90	3984	42.8	999.9	0.04
64	4-13-0075	乳清粉	—	0.3	3.9	29.9	47.0	10.0	0.34	0.66	1500	4	20	0.01
65	5-01-0162	酪蛋白	—	—	0.4	1.5	2.7	1.0	0.04	0.51	205-	0.4	—	—
66	5-14-0503	明 胶	—	—	—	—	—	—	—	—	—	—	—	—
67	4-06-0076	牛奶乳糖	—	—	—	—	—	—	—	—	—	—	—	

(二)猪常用饲料成分表的应用

饲料养分的含量受许多因素影响,故饲料养分含量的查表值与具体采用的饲料原料之间常常存在较大差异。因此,在使用该表时需注意以下几点。

1. 要根据样品说明来选择数据

样品说明反映了饲料的可利用部分(籽实、茎叶、秸秆等),主要的加工方法、收获季节、品质等级等。要特别注意你所用的饲料原料与成分表中每种原料的饲料描述是否相同,描述相同时引用表中的数据是可靠的,否则将会有误差甚至误差会很大,因为我国饲料存在着同名异物的情况,所以在使用表中数据时除了饲料名称外,还要注意饲料描述。表中一条饲料描述对应一个中国饲料编号和与之对应的成分含量数据。

2. 注意表中所列各种原料的干物质含量

因表中各项成分含量是相对某原料干物质含量而言,如配料所用的原料干物质含量与表中的干物质含量不同,则相对应的各种成分含量应按实际干物质含量进行折算。表中所列矿物质含量因原料产地的土壤、施肥、灌溉等条件不同,故测试结果数据变异较大。

3. 注意表中各种营养成分的表述

在设计饲料配方时,必须从饲料营养成分表中查出所选用原料的各种养分含量,查表时除了注意对饲料原料的描述外,还必须注意其对养分的描述,不同书籍中对同一成分的表述有时不尽相同,如能量,有些资料同时标出总能、消化能和代谢能值;矿物质中的磷有总磷、非植酸磷(有效磷)和植酸磷之分等。同时,有些计量单位也不相同,过去能量习惯用千卡或兆卡,现在则多用国际单位焦耳制,即千焦或兆焦,而中国饲料成分及营养价值表中,则同时列出两种单位;又如维生素有的用国际单位,部分用毫克或微克,而胆碱在饲养标准中以克为计量单位,前述饲料营养成分表中则以毫克表示。因此,在计算配方时,一定要根据饲养标准的养分表述和计量单位,查出相对应的饲料营养成分数据,然后进一步计算,切勿张冠李戴。否则,会造成不应有的误差,甚至还会给生产带来重大损失。

4. 选用最新饲料成分及营养价值表

尽可能选择使用最新的饲料成分及营养价值表,因为新版比旧版更能反映猪营养的最新科学研究成果,体现在指标的全面、测定方法和手段的更新方面等。

三、猪常用饲料的营养特点与质量标准

(一)能量饲料

凡干物质中粗蛋白质含量低于20%、粗纤维含量低于18%的饲料均属于能量饲料。它不仅包括谷实类及其加工副产品,而且包括富含淀粉与糖类的块根、块茎饲料和脂肪类饲料等。其中,用于猪饲料最主要的是禾谷类籽实和糠麸类。

1. 玉米　玉米产区广,产量高,适口性好,加之价廉易得,在猪配合饲料中占的比例很大,一般为40%～70%,主要起着提供能量的作用,因而有“饲料之王”的美称。其营养特点是有效能含量高,猪消化能14.39兆焦/千克;粗纤维含量低,仅为2%左右,淀粉含量高达72%,其消化率高达90%;脂肪含量高(4%～5%),其中以不饱和脂肪酸为主,亚油酸含量达2%,是所有谷实类饲料含量最高的,当玉米在饲料中配比占50%以上时,即可满足猪对亚油酸营养的需要;黄玉米含有较多的胡萝卜素和维生素E。其缺点是蛋白质含量较低,且缺乏赖氨酸和色氨酸等必需氨基酸;白玉米的胡萝卜素、维生素E含量低;粉碎后不耐贮藏。

玉米喂猪的效果较好，由于脂肪含量高，过量饲喂玉米会导致猪背膘变厚，体脂变软。因玉米蛋白质质量差，氨基酸也不平衡，使用时可搭配适量的豆饼（粕），在一定程度上可弥补玉米氨基酸不平衡的缺点，有时还需添加合成氨基酸。此外，玉米在收获时含水率较高，且比较难干燥。当其水分含量超过14%，在温暖的季节易发霉变质，不仅降低适口性，还会产生有毒物质，尤以粉碎后的玉米粉更易酸败变质，所以不宜长期保存。

玉米质量的好坏，直接影响配合饲料的品质和饲喂的效果，因此注意质量的检验。根据中华人民共和国《饲料用玉米》中规定，以粗蛋白质、容重和不完善粒总量、水分、杂质、色泽、气味为质量控制指标，分为三级，其中粗蛋白质以干物质为基础计算，容重指每升中的克数，不完善粒中包括虫蚀粒、病斑粒、破损粒、生芽粒、生霉粒、热损伤粒等，杂质指能通过直径3.0毫米孔筛的物质、无饲用价值的玉米及玉米以外的物质（表2-7）。

表2-7　饲料用玉米的质量标准

质量指标	一　级	二　级	三　级
粗蛋白质（以干物质计%）	≥10.0	≥9.0	≥8.0
容重（g/L）	≥710	≥685	≥660
不完善粒总量（%）	≤5.0	≤6.5	≤8.0

在生产实践中，一般通过眼看、手模和牙咬等方法进行感官鉴别。凡籽粒整齐均匀，色泽呈黄色或白色，脐部收缩明显凹下，有皱纹，经牙齿咬碎时有清脆的声音，用指甲掐比较费劲，大把握时有刺手感，这样的玉米粒含水量在14%～15%，同时也无霉味、酸味及虫、杀虫剂等残留物，则品质良好。

2. 高粱　高粱的种类很多，其外皮有褐色、白色、黄色之分。高粱籽实是一种重要的能量饲料，其营养价值为玉米的95%～97%，有效能含量较高，猪消化能为13.18兆焦/千克；高粱中约含有70%的碳水化合物，粗纤维含量低，可消化养分高；同其他谷实类相比，粗脂肪含量较高，为3%～4%；水分含量比玉米低，较耐贮藏。

蛋白质含量与其他谷实相似，含量低，品质差，缺乏赖氨酸、蛋氨酸和色氨酸，限制性氨基酸、矿物质元素等含量均不能满足猪的营养需要。高粱籽实中含有单宁，具有收敛性和苦涩味，适口性比较差，这是一种抗营养因子，可阻碍能量和蛋白质等养分的利用。单宁主要存在于种皮中，其含量因品种不同而异，一般籽粒颜色越深，则单宁含量越高。用高粱喂肉猪或种猪和玉米没有什么区别，但高粱因适口性差，在猪饲粮中所占比例一般不超过20%，可取代饲粮中糠麸类饲料的1/3～2/3。

饲料用高粱标准规定，以粗蛋白质、粗纤维、粗灰分为质量控制指标，按含量分为三级，各项指标均以86%干物质为基础计算，三项指标必须符合相应等级的规定，低于三级者为等外品(表2-8)。

表2-8　饲料用高粱的质量标准

质量指标	一　级	二　级	三　级
粗蛋白质	≥9.0	≥7.0	≥6.0
粗纤维	<2.0	<2.0	<3.0
粗灰分	<2.0	<2.0	<3.0

3. 大麦　大麦通常分为皮大麦(普通大麦)和裸大麦(俗称米大麦、元麦和青稞等)两种。作为饲料用的主要是皮大麦，其籽实外包颖壳。从饲料成分来看，大麦具有能量饲料的特点，但皮大麦的有效能值比裸大麦低，猪消化能分别为12.64兆焦/千克和13.56兆焦/千克；裸大麦粗蛋白质含量亦高于皮大麦，相应为13%和11%；大麦中的粗纤维含量都高于玉米(可达5%，约为玉米的3倍)。大麦在能量饲料中是蛋白质含量高而品质较好的谷实类，有些大麦品种的粗蛋白质含量高出玉米1倍以上，特别是赖

氨酸、色氨酸、异亮氨酸等必需氨基酸含量高于玉米。从蛋白质品质的角度看,大麦作为配合饲料原料有其独特可取之处。此外,矿物质元素含量在谷实类中亦是较高者。大麦喂猪必须粉碎,否则不易消化。大麦适口性不如玉米,饲喂价值为玉米的90%～95%。由于其粗纤维含量高,一般不宜用于仔猪,但裸大麦或经脱壳、压片等处理的皮大麦则可取代部分玉米喂仔猪。在猪配合饲料中,一般玉米与大麦的比例以2∶1为宜,或饲料中用量不超过25%。大麦喂肥育猪有利于改善胴体品质,可获得脂肪硬度大、瘦肉率高的胴体。

按照饲料用皮大麦和饲料用裸大麦行业标准,以87%干物质为基础计算三项质量指标,分级如表2-9,凡低于三级品者为等外品。

表 2-9 饲料用皮大麦及裸大麦的质量标准

饲 料	质量指标(%)	一 级	二 级	三 级
皮大麦	粗蛋白质	≥11.0	≥10.0	≥9.0
	粗纤维	<5.0	<5.5	<6.0
	粗灰分	<3.0	<3.0	<3.0
裸大麦	粗蛋白质	≥13.0	≥11.0	≥9.0
	粗纤维	<2.0	<2.5	<3.0
	粗灰分	<2.5	<2.5	<3.5

4. 小麦 小麦用作猪饲料的主要是小麦加工副产品、碎粒和次粉等。当小麦的价格与玉米相当或比玉米便宜时,小麦可以部分或全部代替玉米喂猪。小麦的营养价值与玉米相当,猪消化能14.18兆焦/千克,略低于玉米,其原因是小麦的脂肪含量仅为玉米的50%。但小麦与玉米相比,蛋白质较高,粗蛋白质为13%左右,约为玉米的150%,且赖氨酸的含量较高。小麦适口性优于玉米,易消化。小麦水分含量较低,较耐贮藏。小麦喂猪时,须经粉碎后与其他饲料混合饲喂效果更好,特别是在肥育后期,饲粮中加

入一部分小麦来代替玉米，能有效改善肉猪的胴体品质。

根据饲料用小麦行业标准，均以87%的干物质计算，其小麦质量标准的三项指标如表2-10，低于三级者为等外品。

表2-10　饲料用小麦的质量标准

质量指标(%)	一　级	二　级	三　级
粗蛋白质	≥14.0	≥12.0	≥10.0
粗纤维	<2.0	<3.0	<3.5
粗灰分	<2.0	<2.0	<3.0

5. 稻谷　稻谷是指带粗硬外壳的水稻或旱稻的籽实。稻谷去壳后俗称糙米，糙米去米糠后即为大米，在加工过程中会出现一部分碎米。稻谷、糙米和碎米的营养特性存在较大差异。

稻谷的外壳占稻谷重的20%～25%，故其粗纤维含量高达8.5%左右，每千克稻谷消化能含量只有12.09兆焦，有效能值在各种谷物类饲料中是较低的一种。其粗蛋白质含量只有8%左右，比玉米低，赖氨酸等必需氨基酸含量也比较低。稻谷对肥育猪的饲喂价值相当于玉米的75%～85%。稻谷的外壳是影响其消化率的关键因素，稻壳不但本身不能被猪消化，还会影响其他养分的消化利用。因而稻谷在猪饲料中的用量应当限制，仔猪和泌乳母猪尽量不用，肥育猪和妊娠母猪最高也不应超过50%。

糙米含蛋白质8%～9%，与玉米相当，但其粗纤维和灰分含量较稻谷大大降低，故有效能值比稻谷提高18%～25%，能量含量略高于玉米。而比玉米更容易消化吸收，完全可以代替玉米喂猪。糙米或碎大米的营养价值相当于玉米的107%，以部分糙米代替玉米饲喂仔猪，效果好于玉米。大米则由于价格高，喂猪不经济，但不适宜人食用的碎米价格低，是猪很好的能量饲料。

我国颁布了饲料用稻谷的质量标准，以86%干物质为基础，根据粗蛋白质、粗纤维和粗灰分的含量分为三级(表2-11)。

表 2-11 饲料用稻谷的质量标准

质量指标(%)	一 级	二 级	三 级
粗蛋白质	≥8.0	≥6.0	≥5.0
粗纤维	<9.0	<10.0	<12.0
粗灰分	<5.0	<6.0	<8.0

6. 燕麦 燕麦大体分为皮燕麦和裸燕麦(莜麦)两类。供作饲用的主要是皮燕麦,其籽实颜色有白色、灰色、红色、黑色和杂色等数种。燕麦籽实含有较丰富的粗蛋白质,为 10.5%左右,粗脂肪含量超过 4.5%。燕麦壳占籽实总重的 20%~25%,甚至更高,因此粗纤维含量高达 10%~13%,有效能值低,猪消化能为 11.07 兆焦/千克,营养价值低于玉米。一般饲料用燕麦主要成分为淀粉,可消化养分比其他麦类低,蛋白质品质优于玉米。由于粗纤维含量高,不宜作为猪的主要饲料,配合饲料中若用量过大,饲喂效果显著低于玉米和大麦。同时由于燕麦的粗脂肪含量高,肥育猪饲喂太多的燕麦会造成背膘软化,影响胴体品质。猪饲料中的配比一般不应超过 30%。

7. 黑麦 黑麦籽实呈暗褐色或绿褐色。其成分与小麦相似,有效能值介于玉米与高粱之间,与小麦接近,每千克含猪消化能 13.85 千焦。常规成分与一般麦类相似,含量不高而质量较差,各类必需氨基酸含量及消化率较低。在用作配合饲料时应考虑用饼粕类或动物性饲料搭配。作为能量饲料喂肉猪时,同其他谷实一样也应粉碎。由于黑麦适口性较差,应限制其饲喂量,当用量超过 30%时,会影响生长,一般仔猪和种猪避免使用,肉猪用量不宜超过 10%。

8. 荞麦 荞麦又名三角麦、花麦,有甜荞麦、苦荞麦之分。其籽实成分与谷实类相似,可以作为能量饲料。由于荞麦籽实中有一层粗糙的外壳,占重量的 20%~30%,故粗纤维含量较高,可达

12%左右。粗蛋白质和粗脂肪含量均不高，但无氮浸出物很多，故有效能值较高，每千克含猪消化能 10.79 兆焦。荞麦适口性较其他谷类差些，宜与其他适口性好的饲料配合饲喂。荞麦对猪的饲喂价值为玉米的 70%左右。值得注意的是荞麦含有一种光敏物质，猪采食后白色皮肤部分受到阳光照射会产生过敏，出现红色斑点，严重时可影响生长肥育效果。

9. 粟(谷子)　粟的籽实在脱壳前称为谷子，脱壳后称作小米。粟中粗蛋白质含量和麦类相似，为 10%左右。粟带壳和种皮，粗纤维含量较高，约为 6.8%。脂肪含量在谷实类属于较高的一种。猪消化能含量为 12.93 兆焦/千克。小米约含粗蛋白质 11%，粗脂肪 4%，无氮浸出物 70%左右，消化能高达 14.02 兆焦/千克。谷子的蛋白质含量和氨基酸组成都欠佳，在饲用时，要注意蛋白质饲料等的搭配，以保证饲粮营养的平衡。

我国饲料用粟(谷子)质量标准是以粗蛋白质、粗纤维和粗灰分为质量控制指标，按含量分为三级，各项质量指标均以 86.5%干物质为基础计算(表 2-12)。

表 2-12　饲料用粟(谷子)的质量标准

质量指标(%)	一　级	二　级	三　级
粗蛋白质	≥10.0	≥9.0	≥8.0
粗纤维	<6.5	<7.5	<8.5
粗灰分	<2.5	<3.0	<3.5

10. 小麦麸　小麦麸俗称麸皮，是小麦籽实制粉后的副产品，其营养价值因面粉精致程度不同而异，出粉率越高，则粗纤维含量越多，营养价值越低。小麦麸含淀粉较多，占 50%以上，粗蛋白质达 12%以上，含赖氨酸 0.67%，品质较好；粗纤维含量为 10%左右，有效能值低，每千克小麦麸含猪消化能 9.37 兆焦，脂肪含量远较米糠低，约为 4%，其总磷含量丰富，可达 0.8%～1.2%，但其中

约有 80%为植酸磷,利用率较低,含钙量仅为 0.1%~0.2%。

小麦麸质地疏松,适口性较好,由于含粗纤维多,具有容积较大的物理特性,在猪配合饲料中可以调节营养浓度。此外,麦麸还有轻泻作用,可防止猪便秘。在配合饲料中小麦麸的比例不宜过高,对于妊娠母猪最高可达 30%;由于粗纤维含量高,含能量低,仔猪料中不宜超过 5%;小麦麸因含钙量很低,钙、磷比例不平衡,在配合饲料中应注意钙的补充。

我国饲料用小麦麸以其粗蛋白质、粗纤维和粗灰分为质量控制指标,多项指标均以 87%干物质计算,按含量分为三级,低于三级者为等外品(表 2-13)。

表 2-13 饲料用小麦麸的质量标准

质量指标(%)	一 级	二 级	三 级
粗蛋白质	≥15.0	≥13.0	≥11.0
粗纤维	<9.0	<10.0	<11.0
粗灰分	<6.0	<6.0	<6.0

小麦麸是猪配合饲料中主要原料之一,必须注意其品质的优劣,除上述质量标准外,在采购时,可通过感官予以鉴别,注意其是否结块,有无异味,有无生虫现象,小麦麸外观呈细碎屑状,色泽新鲜一致;当水分超过 14%时,在高温高湿下易发霉变质,故应注意其气味,是否有酸败、霉味或其他异味,已结块者是否已变质;目前对小麦麸的需求量大,且经常缺货,有人就在其中掺入石粉、贝壳粉、花生皮、稻糠等,严重影响其质量。

11. 次粉 次粉是生产特制精粉后,除去小麦麸及合格面粉以外的副产品,是介于小麦麸及面粉之间的产品,呈粉末状,具有香甜味及面粉味。次粉为淡白色至浅黄色,受小麦品种、处理方法等因素的影响,质量常不稳定。次粉一般水分限制在 13%以下,粗蛋白质含量 10%~12%,粗纤维含量比小麦麸低,含能量比小麦麸高,在猪饲料中可取代部分谷物原料，多用于哺乳期仔猪颗粒料。

饲料用次粉应呈粉白色至浅褐色的粉末状，色泽新鲜一致，无发酵、霉变、结块及异味；水分含量不得超过13%。以其粗蛋白质、粗纤维、粗灰分为质量控制指标，按含量可分为三级（以87%干物质为基础计算），低于三级者为等外品（表2-14）。

表2-14　饲料用次粉质量标准

质量指标（%）	一　级	二　级	三　级
粗蛋白质	≥14.0	≥12.0	≥10.0
粗纤维	<3.5	<5.5	<7.5
粗灰分	<2.0	<3.0	<4.0

12. 米糠　稻谷的加工工艺不同，可得到不同的副产品，如砻糠、统糠和米糠。砻糠是粉碎的稻壳，不能用作饲料；统糠是稻谷碾米时一次性分离出来的稻糠，其粗纤维含量高，有效能值低，一般归于粗饲料，在猪饲料中比例不易过多，生长肥育猪用量不应超过15%；米糠是糙米加工成精米时的副产品，也称作全脂米糠，可占糙米重量的8%～11%，经压榨或溶剂提取出脂肪后残留的米糠即为脱脂米糠，亦称米糠饼（粕）。

全脂米糠中脂肪含量高达15%～17%，粗蛋白质约为13%，必需氨基酸含量高于玉米，有效能值相对较高，猪消化能为12.64兆焦/千克，米糠是一种蛋白质含量较高的糠麸类能量饲料，其饲喂价值与玉米相当。新鲜米糠适口性好，适宜作为猪饲料，在生长猪饲料中可占到10%～12%，肥育猪可达30%。但米糠用量过多，可使猪胴体脂肪变软，所以用量以控制在15%以下为好。仔猪饲料中不宜超过10%，否则易导致腹泻。值得注意的是米糠含脂肪高，且不饱和脂肪酸较多，容易酸败变质，不易久存。米糠饼（粕）由于脂肪含量低，能量也降低，易贮存，不易氧化酸败，其他营养成分与米糠相似。

饲用米糠应呈淡黄色的粉状,色泽新鲜一致,无酸败、霉变、结块、虫蛀及异味,水分含量不得超过13%。米糠、米糠饼及米糠粕三者均以其粗蛋白质、粗纤维、粗灰分为质量控制指标,按含量分为三级(均以87%干物质为基础计算)(表2-15)。

表2-15 饲料用米糠、米糠饼、米糠粕的质量标准

饲 料	质量指标(%)	一 级	二 级	三 级
米 糠	粗蛋白质	≥13.0	≥12.0	≥11.0
	粗纤维	<6.0	<7.0	<8.0
	粗灰分	<8.0	<9.0	<10.0
米糠饼	粗蛋白质	≥14.0	≥13.0	≥12.0
	粗纤维	<8.0	<10.0	<12.0
	粗灰分	<9.0	<10.0	<12.0
米糠粕	粗蛋白质	≥15.0	≥14.0	≥13.0
	粗纤维	<8.0	<10.0	<12.0
	粗灰分	<9.0	<10.0	<12.0

13. 甘薯 又称红薯、白薯、番薯、红苕、地瓜、山芋等。甘薯是一种高产作物,薯块和薯茎叶都能作为猪饲料。甘薯有红心、黄心和白心之分,其差别主要在于胡萝卜素的含量,以红心甘薯含量较多。

鲜甘薯的含水量高,为70%~75%。按干物质计算,粗蛋白质仅为4%,不及玉米的1/2,粗脂肪含量很低,约0.8%,粗纤维2.8%,无氮浸出物为76.4%,有效能值高,猪消化能为11.8兆焦/千克。用薯块喂猪,无论生熟,猪都喜欢吃,也可晒干磨成甘薯粉,代替部分籽实饲料。但其粗蛋白质含量低而且品质不好,钙含量低。在配制饲粮时要注意蛋白质、矿物质和维生素的补充。甘薯粉在幼猪饲粮中可代替30%的玉米,中猪可代替30%~50%,

大猪可代替70%以上。鲜甘薯不耐贮藏，易霉变变质，饲用时要特别注意剔除霉变部分，否则会导致猪中毒。

我国饲料用甘薯干和饲料用甘薯粉，均以87%干物质为基础计算，其质量标准如表2-16。

表2-16 饲料用甘薯干及甘薯叶粉质量标准

饲 料	质量指标(%)	一 级	二 级	三 级
甘薯干	粗纤维	＜18.0	＜23.0	＜4.0
	粗灰分	＜13.0	＜13.0	＜5.0
甘薯叶粉	粗蛋白质	≥15.0	≥13.0	≥11.0
	粗纤维	＜13.0	＜18.0	＜23.0
	粗灰分	＜13.0	＜13.0	＜13.0

14. 木薯 又叫树薯、树番薯。在木薯干物质中，无氮浸出物高达78%～88%，属能量饲料。粗蛋白质仅为2.5%左右，几乎所有氨基酸含量都不能满足畜禽的营养需要。粗脂肪为0.7%，粗纤维为2.5%，粗灰分为1.9%，其中铁、锌含量在能量饲料中较高。有效能值高，猪消化能为13.10兆焦/千克。木薯中含有氢氰酸，尤以薯皮内含量最高，多食可使猪中毒。生产中将木薯去皮晒干磨粉，可达到一定的去毒目的。肥育猪饲粮中木薯粉宜与动物蛋白搭配使用，效果会更好。

我国国家标准规定，以87%干物质为基础计算木薯中的粗纤维和粗灰分作为质量指标，粗纤维＜4.0且粗灰分＜5.0为合格；在两项成分中有一项超过限量者，均属于不合格。

15. 马铃薯 又叫土豆、山药蛋、洋芋等。新鲜马铃薯含水量80%左右，按干物质计算，粗纤维为2.73%，粗脂肪为0.45%，无氮浸出物为82.7%，粗蛋白质为9.1%，消化能为14.27兆焦/千克。猪对马铃薯中各种养分的利用率比其他动物高。马铃薯可生饲，也可熟饲，而以熟饲为佳，或烘干粉碎后代替玉米来饲喂。马铃薯粉可替代配合饲料中 30％的玉米，以达到节约精料、降低成本的效果。

马铃薯中含有生物碱毒素—龙葵素，尤以芽、芽眼和青绿色皮中含量最多，食后可使猪中毒。饲喂时必须注意脱毒，喂前应将幼芽除掉，煮熟也可以降低生物碱的毒性。

16. 油脂 油脂是油与脂的总称，一般在室温下呈液态的称为“油”，呈固态的为“脂”。油脂来源于动物和植物，是家畜的重要营养物质之一，特别是它能提供比任何其他饲料都多的能量，因而就成为配制高能饲料所不可缺少的原料。常用油脂的猪消化能如表 2-17 所示。

表 2-17 常用油脂的消化能 (MJ/kg)

油脂种类	牛油	猪油	禽油	棕榈油	大豆油	玉米油	鱼油
猪消化能	33.47	34.66	35.65	33.51	36.61	36.63	35.33

添加油脂的目的主要是提高配合饲料的能量水平，对于仔猪尤为重要；此外，还可改善饲料适口性，增加采食量；降低饲料加工过程中的粉尘，易于制粒，同时改善饲料的外观等。尽管油脂的营养价值相当于玉米的 2 倍多，但油脂价格高，使用油脂不合算，除非在需要提高饲料能量水平时可适当添加(例如仔猪和母猪饲粮)，一般加 2％～3％为宜。

油脂在使用时应注意其新鲜度。油脂应贮存于密闭和不透光的容器中，放置于低温干燥处，最好添加适量的抗氧化剂，以提高油脂的稳定性，防止其酸败变质。若贮存不当或时间长可氧化腐败，油脂价值降低。

油脂在添加到饲料中时可能有些麻烦，例如冬季不容易混合均匀。油脂的添加方式，过去常采用预拌方式，即先用豆粕类等吸附后，再逐步扩大混入饲料中。近年来则多采用直接喷雾法，即先将油脂加热变成液态(一般加热至 60℃～80℃,冬天需加热到 90℃),再以喷嘴直接喷雾到饲料中。此外,现在还有粉状的脂肪粉可在配制饲料时选用,其效果与油脂没有差别。

17. 乳清粉　乳清是奶酪生产的液体副产品,乳清含水分高,不宜直接作配合饲料原料,经喷雾干燥后的粉末为乳清粉。乳清粉含蛋白质 11%左右,含乳糖达 60%以上。也有些产品蛋白质含量低,为 3%～8%,乳糖含量高达 70%以上。由于乳糖是其主要成分,故为仔猪极佳的能量来源。乳清粉有甜味,适口性好,消化率高,尤其适宜在仔猪日粮中添加,可增加适口性,提高日粮消化率,降低消化道 pH 值,防止消化紊乱。乳清粉是哺乳仔猪的良好调养饲料,是代乳料中必不可少的组分。但在大猪日粮中添加过量可导致腹泻。乳清粉吸湿性很强,吸湿后结块,难以弄碎,所以在添加饲料中要即开包装即混合,剩余的密封贮存。

18. 玉米胚芽饼　是浸泡过的玉米破碎后提出胚芽,经榨出玉米油后的副产品。其粗蛋白质含量一般为 10%～17%,属于能量饲料。玉米胚芽饼对猪的消化能为 14.69 兆焦/千克,粗纤维 6%左右,它含有多种氨基酸,其中赖氨酸含量较高,一般为 0.7%～0.8%。另外,玉米胚芽饼适口性好。所以从蛋白质含量及消化能高低等指标综合考虑,只要价格低于玉米或者相当时,就可以在猪配合饲料中充分应用,减少玉米和豆粕用量,从而降低配合饲料的成本。

19. 糖蜜　糖蜜是一种天然液体饲料,是制糖工业的主要副产品。糖蜜是一种能量饲料,主要含消化率高的蔗糖、果糖、葡萄糖。以干物质计,甘蔗糖蜜含消化能 13.72 兆焦/千克,甜菜糖蜜为 13.51 兆焦/千克。粗蛋白质含量低,依次为 5.9%和 9.9%。另外,它还是生物素、B 族维生素的良好来源。甘蔗糖蜜还是良好的微量元素的来源。猪配合饲料中的添加量为 1%～10%。除上述的营养因素外,使用糖蜜时对饲料加工工艺也有益处,由于它是一种良好的粘合剂，使生产的颗粒料结构更紧密，耐久性更好。使颗粒饲料能保持本身品质，可降低运输中的损失。同时，添加糖蜜还可增强适口性，减少饲料浪费。

(二)蛋白质饲料

以干物质为基础，凡是粗蛋白质含量在20%以上，粗纤维含量在18%以下的饲料，都是蛋白质饲料。根据蛋白质的不同来源，蛋白质饲料又可分为植物性蛋白质饲料和动物性蛋白质饲料等。植物性蛋白质饲料主要指饼粕类及豆科籽实。另外，还有玉米蛋白、浓缩叶蛋白及某些植物的加工副产品等。动物性蛋白质饲料以其蛋白质含量高且各种氨基酸的组成平衡、生物学价值高、矿物质含量丰富等特点深受用户喜爱，是猪禽饲粮的重要蛋白质来源。但是，由于资源十分有限，价格较高，用量很少。

1. 大豆饼(粕) 大豆经过提取或榨取食用油后剩下的加工副产品即为大豆饼(粕)，是我国最常用的一种植物性蛋白质饲料。

大豆粕为采用浸提技术提取大豆油后的副产品。豆粕一般呈不规则碎片状，颜色呈浅黄色至浅褐色，具有烤大豆香味。一般含蛋白质40%～48%，赖氨酸含量高达2.5%～3.0%，较棉籽饼、菜籽饼及花生饼高1倍，是饼(粕)类饲料中赖氨酸含量最高者，但蛋氨酸含量不足，因而与含赖氨酸等必需氨基酸不足的谷实类饲料搭配，有很好的互补作用。且对猪的消化能较高，为14.26兆焦/千克。豆粕的适口性很好，消化率高，是猪最好的蛋白质饲料。

大豆饼是采用机械压榨法提取豆油后的副产品。豆饼含脂肪较多，为6%～8%；消化能为14.39兆焦/千克。而粗蛋白质较低，约42%；但豆饼的质量不稳定，易酸败，热处理的程序多不够规范，所以使用远不及豆粕普遍。

大豆饼(粕)的缺点是存在一些抗营养因子，其中主要是抗胰蛋白酶因子。适当的加热处理，可使大部分抗营养因子被破坏，从而提高饲用价值，但加热不当也会对蛋白质造成损害，影响饲用效果。蛋氨酸含量不足，在主要使用大豆饼(粕)的日粮中一般要另外添加蛋氨酸，才能满足动物的营养需要。

大豆饼(粕)的加工处理方法对它的营养价值影响较大，在选择大豆饼(粕)时应注意质量问题，在感官上应色泽一致，无发霉、酸败、虫蛀及异味异臭。水分含量不超过13%。饲料用大豆饼(粕)质量标准如表2-18。

表2-18　饲料用大豆饼(粕)质量标准

饲　料	质量指标(%)	一　级	二　级	三　级
大豆饼	粗蛋白质	≥41.0	≥39.0	≥37.0
	粗脂肪	<8.0	<8.0	<8.0
	粗纤维	<5.0	<6.0	<7.0
	粗灰分	<6.0	<7.0	<8.0
大豆粕	粗蛋白质	≥44.0	≥42.0	≥40.0
	粗纤维	<5.0	<6.0	<7.0
	粗灰分	<6.0	<7.0	<8.0

2. 棉籽饼(粕)　是以棉籽为原料，在脱壳后，再经榨油后的称为棉籽饼；经溶剂浸提后的产物称为棉籽粕，棉籽饼(粕)一般为黄褐色、暗褐色至黑色，色淡者品质优良，贮存太久或加热过度均会加深色泽，略带棉籽油味道。通常为粉状、块状或片状。

棉籽饼(粕)的营养价值变异很大，其中主要受脱壳程度的影响，残留的棉籽壳越多，营养价值越低，完全脱了壳的棉籽饼(粕)蛋白质含量可达41%以上，甚至可高达44%以上。其氨基酸组成的特点是赖氨酸含量不足，精氨酸很丰富。因此，在配合饲料中使用棉籽饼(粕)时，不仅要注意补充赖氨酸，还应与精氨酸含量少的饲料如菜籽饼搭配。棉籽饼(粕)含有毒物质棉酚。棉酚有游离型和结合型两种,结合型棉酚不被动物体吸收,直接排出体外。游离棉酚对动物有害,因而它就成为判定棉籽饼(粕)品质的重要指标之一。猪食入过量的游离棉酚会导致中毒,使幼猪生长受阻,种猪生殖功能受损,对种公猪生殖功能损害较为严重。为了充分利用棉籽饼(粕)作为猪的蛋白质饲料,应对其进行脱毒处理。最常用脱毒法除加热处理外,饲料中加硫酸亚铁可以结合游离棉酚,降低棉酚的毒性。生长肥育猪日粮中棉籽饼(粕)的添加量以4%～6%为宜,一般乳猪和种猪不宜使用。

我国饲料用棉籽饼(粕)质量标准如表2-19。

表2-19　饲料用棉籽饼(粕)质量标准

质量指标(%)	一　级	二　级	三　级
粗蛋白质	≥40	≥36	≥32
粗纤维	<10	<12	<14
粗灰分	<6	<7	<8

3. 菜籽饼(粕)　菜籽饼(粕)是油菜籽提取油脂后的副产品,是良好的蛋白质饲料资源。其蛋白质含量中等,一般在36%左右。氨基酸组成的特点是蛋氨酸含量较高,可达0.5%～0.9%,在饼(粕)类饲料中仅次于芝麻饼(粕)。但精氨酸含量低,为1.8%左右。由于粗纤维含量较高,为11%左右,有效能值较低,猪消化能为10.59兆焦/千克。微量元素中硒、铁、锰、锌也较高,尤其是硒的含量比大多数植物性饲料都高。

菜籽饼(粕)的缺点是含毒素较多,不仅适口性差,如长期饲喂大量的菜籽粕(粕),或饲用含有较多毒素的菜籽饼(粕),会导致甲状腺肿大、胃肠炎症、肉猪生长速度明显下降,母猪繁殖性能明显衰退等中毒现象。菜籽饼(粕)作为猪饲料时,最好进行脱毒处理,以保证饲用安全,但用量不宜超过日粮的15%～20%。未去毒者必须控制其饲喂量,一般仔猪最好不用,其他猪只喂量控制在

10%以下。不同品种的油菜籽含毒量差异很大,如培育出的低毒油菜品种的饼(粕),在猪饲料中占到10%~15%亦无中毒表现。

饲用菜籽饼(粕),其感官性状应为褐色,小瓦片状、片状或粉状,具有菜籽油香味,无发霉及异味、异臭。质量标准如表2-20。

表2-20　饲料用菜籽饼(粕)质量标准

饲　料	质量指标(%)	一　级	二　级	三　级
菜籽饼	粗蛋白质	≥37.0	≥34.0	≥30.0
	粗脂肪	<10.0	<10.0	<10.0
	粗纤维	<14.0	<14.0	<14.0
	粗灰分	<12.0	<12.0	<12.0
菜籽粕	粗蛋白质	≥40.0	≥37.0	≥33.0
	粗纤维	<14.0	<14.0	<14.0
	粗灰分	<8.0	<8.0	<8.0

4. 花生饼(粕)　花生饼(粕)由于脱脂方法不同,其成分和营养价值不同。脱壳后的花生饼(粕)粗纤维含量一般不超过7%,营养价值高;带壳花生饼(粕)粗纤维达15%以上,饲用价值低。花生饼(粕)的蛋白质含量高,为45%~48%,与豆饼(粕)相当甚至还高,其中精氨酸含量高达5.2%,但其赖氨酸和蛋氨酸含量较低,故蛋白质品质不如大豆饼(粕)。花生饼(粕)有香味,对猪的适口性很好,是一种优良的蛋白质饲料。但因脂肪含量高,一般生长肥育猪日粮中以不超过15%为宜,否则可能导致猪体脂肪变软,影响肉质;仔猪和繁育母猪日粮中以不超过10%为宜。

花生饼(粕)的缺点是容易感染霉菌而产生黄曲霉毒素,这是一种剧毒致癌物质,会使猪中毒。因此,花生饼(粕)需干燥贮存,也不宜长期贮存,保存期越短越好。

按照饲用花生饼(粕)的国家标准,感官性状为碎屑状,色泽呈新鲜一致的黄褐色或浅褐色,无发酵、霉变、虫蛀、结块及异味异臭。其质量标准如表 2-21。

表 2-21 饲料用花生饼(粕)质量标准

饲料	质量指标(%)	一级	二级	三级
花生饼	粗蛋白质	≥48.0	≥40.0	≥36.0
	粗纤维	<7.0	<9.0	<11.0
	粗灰分	<6.0	<7.0	<8.0
花生粕	粗蛋白质	≥51.0	≥42.0	≥37.0
	粗纤维	<7.0	<9.0	<11.0
	粗灰分	<6.0	<7.0	<8.0

5. 向日葵饼(粕) 向日葵饼(粕)因加工方法不同,营养价值也参差不齐,使用时应予注意。向日葵饼(粕)可分为脱壳和未脱壳两种,其饲用价值关键在于脱壳程度。脱壳向日葵饼(粕)粗纤维含量低,消化能与粗蛋白质均高于带壳者,饲用价值高。带壳者因粗纤维含量在 20%以上,饲用价值受到限制,不宜作为猪的饲料,或仅能少量饲用。优质脱壳向日葵饼(粕)粗纤维为 10%左右,猪消化能 11.30 兆焦/千克,粗蛋白质含量可达 40%以上,蛋氨酸含量丰富,但赖氨酸含量不足,作为猪饲料时,宜与动物性蛋白质饲料、豆饼(粕)或氨基酸补充料配合饲喂效果更好。一般在成年母猪日粮中用量可达 10%,生长肥育猪为 5%左右为宜。

我国饲用向日葵(粕)质量标准如表 2-22。

表 2-22 饲料用向日葵仁饼(粕)分级标准

饲料	质量指标(%)	一级	二级	三级
向日葵饼	粗蛋白质	≥36.0	≥30.0	≥23.0
	粗纤维	<15.0	<21.0	<27.0
	粗灰分	<9.0	<9.0	<9.0

续表 2-22

饲 料	质量指标(%)	一级	二级	三级
向日葵粕	粗蛋白质	≥40.0	≥36.0	≥32.0
	粗纤维	<10.0	<12.0	<14.0
	粗灰分	<6.0	<7.0	<8.0

6. 亚麻籽饼(粕) 亚麻是分布在我国北方地区的一种油料作物,当地也叫胡麻。亚麻籽饼(粕)为淡褐色或暗褐色,压榨饼颜色较深,浸提粕较浅。应有产品特有之香味,不应有酸败味、发霉味、焦味及其他异味。亚麻籽饼(粕)粗蛋白质为 32%~37%,其赖氨酸和蛋氨酸含量不足,但含精氨酸比较高。只要补充适量动物性饲料、赖氨酸添加剂或与赖氨酸含量高的饲料搭配,即可获得良好的饲养效果。因此,亚麻籽饼(粕)是其产区猪的一种重要的蛋白质来源。亚麻籽饼(粕)含有一种抗营养因子,能水解生成有毒的氢氰酸,当用量过大时可引起中毒。生长肥育猪日粮中的用量控制在 8%以内,喂量过多会导致体脂肪变软。亚麻饼(粕)具有轻泻作用,母猪日粮中加入适量还可预防便秘。

我国饲料用亚麻仁饼(粕)质量标准如表 2-23。

表 2-23 我国饲料用亚麻仁饼(粕)质量标准

饲 料	质量指标(%)	一 级	二 级	三 级
亚麻仁饼	粗蛋白质	≥32.0	≥30.0	≥28.0
	粗纤维	<8.0	<9.0	<10.0
	粗灰分	<6.0	<7.0	<8.0
亚麻仁粕	粗蛋白质	≥35.0	≥32.0	≥29.0
	粗纤维	<9.0	<10.0	<11.0
	粗灰分	<8.0	<8.0	<8.0

7. 芝麻饼(粕) 芝麻有黑白两种,黑芝麻的饼(粕)为黑色,白芝麻饼(粕)呈黄色至淡褐色。味道香甜。芝麻饼(粕)含粗蛋白质40%左右,蛋氨酸和精氨酸含量特别丰富,而赖氨酸则偏低,粗脂肪含量因加工方法不同而差异大,一般机榨芝麻饼中为8%~11%,而浸提的芝麻粕中仅为2%~3%。粗纤维含量为7%左右。芝麻饼(粕)不含对多种畜禽发生不良影响的因素,是安全饼(粕)类饲料。芝麻饼(粕)在猪日粮中含量不超过10%为宜,但需补充赖氨酸。虽然矿物质中的钙、磷含量均高,但因含有草酸和植酸影响其吸收利用,故应注意钙、磷补充,添加植酸酶效果会更好。残脂含量高的芝麻饼易酸败,不易贮藏。如有发霉、变质、异臭和焦味等情况,不宜饲用。

8. 苏子饼(粕) 苏子又名紫苏或荏。苏子种子含油率可达40%~45%,粗纤维6%~7%。用旧式机榨法取油后的苏子饼含粗蛋白质35%~38%,赖氨酸含量较高,约为1.87%,其他必需氨基酸组成与棉籽、菜籽饼(粕)相似,是一种中档高蛋白质饲料。苏子饼中含有0.64%的单宁和3.61%的植酸,是苏子饼的缺点。有试验表明,在肥育猪日粮中添加20%时,饲喂效果略优于大豆粕,最高添加到30%时,未见不良反应。但用于喂猪,由于苏子饼中残油的碘价较高,可使猪脂肪发硬。

9. 玉米蛋白粉 玉米蛋白粉又称玉米面筋粉,系生产玉米淀粉的副产品。正常玉米蛋白粉为金黄色,蛋白质含量越高,色泽越鲜艳。玉米蛋白粉由于加工工艺条件不同,其蛋白质含量各异,低者25%左右,高者超过60%,猪对其蛋白质的消化率可达98%。玉米蛋白粉的氨基酸结构不佳,赖氨酸和色氨酸含量严重不足,这限制了在猪饲料中的使用。玉米蛋白粉在猪饲料中用量一般在5%左右,肥育猪用量不超过10%。

10. 大豆 大豆主要供人类食用或榨油,只有在必要的情况下,少量用作饲料。大豆籽实约含35%的粗蛋白质,17%的粗脂肪,4.3%的粗纤维,有效能高,猪消化能16.60兆焦/千克,不仅是一种优质蛋白质饲料,同时在调配仔猪饲料时也可作为能量饲料使用。大豆蛋白质品质优于谷实类的蛋白质,必需氨基酸含量高,特别是赖氨酸含量高达2.4%左右,在豆类中居首位,约比豌豆、蚕豆含量高出70%。但蛋氨酸含量相对较少,是大豆的第一限制性氨基酸。脂肪以不饱和脂肪酸为主,且还有一定量的磷脂,营养价值较高。大豆中含钙较低,在总磷含量中植酸磷约1/3。因此,在饲用时还要考虑磷的补充和钙、磷平衡问题。

生大豆中含有多种抗营养物质,因此其蛋白质及氨基酸的利用效率差。但其胰蛋白酶抑制因子和凝集素不耐热,充分加热可使其失去活性,从而消除其抗营养因子。大豆加热方法很多,最简单的是焙炒、高压蒸煮等。经过热处理的大豆,不仅改善了适口性,还能显著提高消化率和蛋白质的利用率。

按大豆种皮的颜色和粒形分为黄大豆、青大豆、黑大豆、其他大豆(褐色、棕赤色)及饲料豆(秣食豆)等5类。饲料用大豆(专指黄大豆)以87%干物质为基础计算,其质量指标如表2-24。

表2-24 饲料用大豆的质量指标

质量指标(%)	一 级	二 级	三 级
粗蛋白质	≥36.0	≥35.0	≥34.0
粗纤维	<5.0	<5.5	<6.5
粗灰分	<5.0	<5.0	<5.0

11. 黑大豆 俗称黑豆,是大豆的一个变种。黑大豆中含有约35%的粗蛋白质,15%的粗脂肪,5%的粗纤维,属于蛋白质饲料。与大豆比较,其粗蛋白质基本上无差别,而粗纤维含量比大豆高1%~2%,而粗脂肪则低1%~2%。两者的粗灰分相差无几。黑大豆的有效能值低于大豆。黑大豆中含铁较高,但钙、磷含量都较低,其他微量元素也都不能满足猪营养需要,用于配料时需考虑

钙、磷和微量元素的补充。黑大豆同大豆一样，含有抗营养物质，必须经热处理后才可饲用。

我国饲用黑大豆质量标准见表2-25。

表2-25　饲料用黑大豆的国家标准

质量指标(%)	一　级	二　级	三　级
粗蛋白质	≥37.0	≥35.0	≥33.0
粗纤维	<6.0	<7.0	<8.0
粗灰分	<5.0	<5.0	<5.0

12. 豌豆　又名毕豆、小寒豆、准豆、麦豆等。豌豆种皮有黄白色、黄绿色、水红色、褐色及黑麻色等。豌豆含粗蛋白质约为24%，粗脂肪2%，粗纤维7%，除个别品种干物质中粗蛋白质含量低于20%外，大部分都属于蛋白质饲料。豌豆中脂肪和蛋白质含量均比大豆少，而赖氨酸含量却较丰富，其他必需氨基酸含量均较低，特别是含硫氨基酸及色氨酸均不能满足猪的营养需要。因此，豌豆的蛋白质营养价值远不及大豆。豌豆同大豆一样，亦会有胰蛋白酶抑制因子等抗营养物质，不宜生喂，需经热处理后才可饲用。豌豆炒熟后具有香味，常作为仔猪的开食料。用作配合饲料时，其用量以10%～15%为宜。豌豆的饲料质量标准如表2-26。

表2-26　饲料用豌豆的质量标准

质量指标(%)	一　级	二　级	三　级
粗蛋白质	≥24.0	≥22.0	≥20.0
粗纤维	<7.0	<7.5	<8.0
粗灰分	<3.5	<3.5	<4.0

13. 蚕豆　又名胡豆、川豆、佛豆、罗汉豆、大豌豆等。蚕豆含粗蛋白质22%～27%，属于蛋白质饲料。粗纤维为8%～9%。每

千克含猪消化能12.97兆焦。蚕豆中赖氨酸含量较高。但蛋氨酸和胱氨酸等必需氨基酸则明显不足，与豌豆相似，而氨基酸含量和氨基酸消化率均低于大豆。蚕豆同其他豆类籽实一样，也含有一些影响适口性和营养物质消化率的不良因子，高压蒸煮能降低这些抗营养因子的活性，蚕豆粉在生长肥育猪日粮中可以占到20%，对于妊娠母猪日粮中则不宜超过10%。蚕豆的饲料质量标准如表2-27。

表2-27　饲料用蚕豆的质量标准

质量指标(%)	一　级	二　级	三　级
粗蛋白质	≥25.0	≥23.0	≥21.0
粗纤维	<9.0	<10.0	<11.0
粗灰分	<3.5	<3.5	<4.5

14. 鱼粉　鱼粉是品质及使用效率最好的蛋白质饲料。因鱼的来源和加工条件不同，鱼粉的营养成分差异很大。优质鱼粉的粗蛋白质含量一般为53%～65%。鱼粉的蛋白质品质好，氨基酸组成合理，尤以赖氨酸、蛋氨酸含量丰富。精氨酸含量较低，这正好与大多数饲料的氨基酸组成相反，故在使用鱼粉配制饲料时，可以取长补短，很容易在蛋白质水平上满足要求，而氨基酸组成也能达到平衡。矿物质中的钙、磷含量丰富，且比例适宜。维生素A、维生素E和B族维生素丰富，尤其是植物性蛋白质饲料中所缺乏的维生素B_{12}更为突出。

鱼粉的饲用价值虽然高于其他蛋白质饲料，但由于价格昂贵，用量受到限制。在猪饲料中的用量一般为：仔猪不超过8%，繁殖公、母猪和生长肥育猪前期不超过5%。当鱼粉价格超过豆粕1倍时，生长肥育猪后期一般不使用。在此需要强调的是：鱼粉的种类很多，因原料和加工条件的不同，各种营养物质含量差异很大。除故意掺杂食盐外，在正常情况下，有的脱盐不彻底，食盐含量偏高,使用不当会引起食盐中毒。鱼粉容易发霉变质,特别是高温、高湿条件下,更易霉变,应注意贮藏在通风和干燥的地方,变质的鱼粉不宜再用作猪饲料。

由于鱼粉价格昂贵,因此常有掺杂盐、统糠、石粉、薯片粉、贝壳粉、砂石、菜籽饼、棉籽粕、血粉、尿素等的情况出现或已发霉变质、以次充好的鱼粉在市场上鱼目混珠。为防止假冒伪劣鱼粉,购买时应注意质量检测。一般可采用以下方法识别鱼粉的质量。

(1)观察　用眼观察鱼粉的形状、色泽及有无杂物。凡掺杂尿素、盐者,有白色的亮晶晶的小颗粒;掺杂棉籽粕、菜籽粕者有黑色的壳和棉絮;掺有血粉者有暗红色或黑色的粉状颗粒。一般脱脂后人工烘干的鱼粉为棕色,自然晾干的鱼粉为黄色或白色,糊焦的鱼粉发黑。优质鱼粉有细长的肌肉束、鱼骨和鱼肉块等。

(2)嗅味　优质鱼粉呈咸鱼腥味,依据腐败程度相应产生腥臭味及刺激性氨臭味。

(3)手摸　优质鱼粉经手捻后,质地松软,呈肉松状;质地差的鱼粉则感觉粗糙,多骨屑、糠壳等杂物。

(4)水溶物　取 2～4 克鱼粉,加水 4 份,搅拌后静止几分钟,若掺杂有麦麸、花生壳粉时则其浮在上面,而鱼粉沉入水底;若鱼粉中混有泥沙时,轻轻搅拌后,鱼粉稍浮起旋转,而泥沙则沉在底部而稍旋转。优质鱼粉加入水中,则上无漂浮物,下无泥沙,水较透明;而劣质鱼粉加水后,上有漂浮物,下有沉淀物,且水显浑浊。

我国饲用鱼粉质量标准见表 2-28。

15. 肉粉与肉骨粉　肉粉与肉骨粉是屠宰场和肉类加工厂,将不宜人类食用的碎肉、内脏、脂肪、残骨和皮等,通过高温高压处理,再经脱水干燥制成的粉状物。肉粉和肉骨粉的唯一区别在于含磷量,含磷在 4.4%以上者称为肉骨粉,含磷在 4.4%以下者为肉粉。

表 2-28　饲料用鱼粉的质量标准

质量标准(%)	一　级	二　级	三　级
色　泽	黄棕色	黄褐色	黄褐色
组　织	较蓬松、纤维组织较明显、无结块、无霉变	松软粉状物、无结块、无霉变	松软粉状物、无结块、无霉变
气　味	具有鱼粉的正常气味,无异臭及焦灼味		
颗粒细度	至少98%能通过筛孔为2.8毫米的标准筛网		
粗蛋白质(%)	≥55	≥50	≥45
粗脂肪(%)	<10	<12	<14
水分(%)	<12	<12	<12
盐分(%)	<4	<4	<5
砂分(%)	<4	<4	<5

肉粉与肉骨粉的品质与原料品质、成分、加工方式、掺杂及贮藏时间关系密切,并容易受到细菌污染。肉粉与肉骨粉的粗蛋白质含量在45%～60%之间,氨基酸组成较差。肉粉赖氨酸含量较丰富,可以弥补谷实类之不足,但蛋氨酸和色氨酸含量较低,B族维生素含量较多,而维生素A、维生素D和维生素B_{12}的含量均低于鱼粉。肉骨粉含有大量的钙、磷和锰。钙、磷比例合理,磷为无机磷,为可利用磷。肉粉与肉骨粉饲用价值较鱼粉低。一般多用于肉猪和种猪饲料,肉猪用量以不超过5%为宜,仔猪料一般不用。肉骨粉的缺点是:产品质量变异程度大,不易控制;脂肪含量高,极易氧化变质;又是饲料中最易受细菌污染的原料,贮藏太久或运程太长都会引起质量下降、变质。因此,肉粉与肉骨粉应贮存于低温、干燥、卫生、通风处,应注意少进、勤进,尽可能保持原料的新鲜。

肉骨粉质量的现场鉴别方法:第一,色泽为浅棕色、褐色或深褐色，含脂肪量高时色深；过热处理时颜色会加深。一般以猪肉骨为原料的成品则颜色较浅。第二，就形态而言，优质肉骨粉呈粉状，含粗骨，颜色及成分均匀一致，无结块，不应含有过多的毛发、蹄、角及血液等。劣质肉骨粉成分不均，有结块，且有多量的毛发、蹄及血液。第三，优质肉骨粉具有新鲜的肉味，且具有烤肉香及牛油或猪油味，而无异味。劣质肉骨粉则有酸败气味等。

16. 血粉 血粉是屠宰牲畜所得鲜血经干燥而成。按其加工工艺，可分为普通干燥血粉、瞬间干燥血粉、喷雾干燥血粉和发酵血粉等。血粉的颜色呈红褐色至黑色，随着干燥温度增加而颜色加深。

血粉粗蛋白质含量很高，可达 80%～90%，居所有饲料之首，其中赖氨酸含量达 7%～8%，高于鱼粉和肉粉。精氨酸含量低，故与花生饼（粕）或棉籽饼（粕）搭配，饲喂效果好。色氨酸、异亮氨酸含量相对低。总之，血粉既是蛋白质含量很高的饲料，同时，又是氨基酸很不平衡的饲料。血粉的缺点是适口性欠佳，蛋白质消化率较低，从而限制了饲用价值。发酵可以改善血粉的适口性和消化率。一般在猪饲料中用量以 3%～5%为宜。

17. 蚕蛹粉和蚕蛹粕 蚕蛹是缫丝工业副产品，可用作猪的高蛋白质饲料。蚕蛹不经脱脂，即直接进行干燥、粉碎后的产物为蚕蛹粉。其粗蛋白质约为 54%，脂肪含量可达 22%以上，故含能量高，猪消化能高达 19.33 兆焦/千克。蚕蛹脱脂后，再行干燥、粉碎的产品，即为蚕蛹粕。其粗蛋白质含量达 65%以上。蚕蛹粉和蚕蛹粕的特点是蛋氨酸含量很高，分别为 2.2%和 2.9%，是所有饲料原料中含量最高者。赖氨酸含量也很高，与进口鱼粉相当。色氨酸含量比进口鱼粉高 70%～100%。精氨酸含量较低。蚕蛹类属于高能高蛋白质饲料，是猪的一种良好的蛋白质补充料，但因价格较贵，用量一般为 3%～5%，与饼（粕）类饲料配合使用，可明显提高饲用效果。

蚕蛹粉因富含脂肪，因此容易发霉变质，发出恶臭，所以不耐贮存。蚕蛹粕因为已被脱脂，变质较少，使用较安全，但仍要注意不可放置太久。

(三)粗饲料

凡干物质中粗纤维含量在18%以上的饲料均属于粗饲料。主要包括干草类、树叶类、稿秕类等。其特点是体积大，适口性差，粗纤维含量高，可利用养分少，较难消化，营养价值低。但来源广，种类多，产量大，价格低。某些粗饲料经过适当加工调制，也可适量喂猪。但猪是单胃动物，对粗饲料的消化率仅为3%～25%，并随饲料中粗纤维含量的增加，有机物质的消化率随之降低。因此，不宜大量用粗饲料喂猪。

粗饲料的种类很多，其营养价值差异很大。如优质豆科干草粉，在满足猪营养需要的前提下，还可代替部分精饲料，一般在日粮中的比例，幼猪为8%～10%，生长肥育猪为10%～15%，母猪为25%～30%，种公猪则以10%左右为宜。相反，品质低劣的麦秸粉、稻草粉等，不仅不能代替精饲料，根本就不应该作为猪饲料。

1. 苜蓿草粉 苜蓿一般指紫花苜蓿，是世界上栽培历史悠久的豆科牧草，有“牧草之王”的美称。苜蓿草粉是其经过干燥脱水(日光或人工)后粉碎制成。苜蓿草粉的质量取决于苜蓿的刈割期和苜蓿茎叶的组成比例两个主要因素。苜蓿草粉的质量以初花期为最佳，盛花期次之，结荚期最差。制作草粉的苜蓿应在初花期和盛花期刈割为宜。优质的苜蓿草粉粗蛋白质含量达17%以上，其中赖氨酸含量为0.74%～0.78%，必需氨基酸含量比较平衡。矿物质中含钙丰富，含磷较少，铁、硒含量丰富，是较好的铁源和硒源。胡萝卜素和维生素D含量也丰富。因此，苜蓿草粉是一种优良的蛋白质、维生素和矿物质补充饲料，可代替部分精料喂猪。苜蓿草粉以87%干物质为基础计算，其质量指标如表2-29所示。

表 2-29　饲料用苜蓿草粉的质量指标

质量指标(%)	一　级	二　级	三　级
粗蛋白质	≥18.0	≥16.0	≥14.0
粗纤维	<25.0	<27.5	<30.0
粗灰分	<12.5	<12.5	<12.5

2. 白三叶草粉　白三叶是优质豆科牧草，其茎叶柔嫩，叶量丰富，粗蛋白质含量高，粗纤维含量低，干物质消化率高，既可以刈割青饲，也可晒制干草。优质白三叶草粉含有 21.2% 的粗蛋白质，赖氨酸含量高，干物质中粗纤维含量大多低于 18%，含硫氨基酸及色氨酸均较低。白三叶草粉的有效能值较低，猪消化能为 8.66 兆焦/千克，与小麦麸近似。白三叶草粉的胡萝卜素含量很高，但贮存过程损失较多，若在贮藏前添加抗氧化剂，可有效的降低胡萝卜素的损失。在矿物质和微量元素中，磷、铜、锰含量较少，而铁含量很丰富。白三叶草粉的饲料质量标准如表 2-30。

表 2-30　饲料用白三叶草粉的质量指标

质量指标(%)	一　级	二　级	三　级
粗蛋白质	≥22.0	≥17.0	≥14.0
粗纤维	<17.0	<20.0	<23.0
粗灰分	<12	<12	<12

3. 蚕豆茎叶粉　是以蚕豆籽实成熟前摘收的叶片及少量嫩茎或收获籽实后的叶片为主的原料，经干燥后制成的饲料叫蚕豆茎叶粉。是我国蚕豆产区的传统养猪粗饲料。蚕豆茎叶采收方式有两种：一是收豆前打顶，只用顶端部分作饲料；二是收豆后将茎叶与荚一起晒干粉碎，俗称胡豆糠。以前者品质优良，但产量少；后者若收藏调制得当，也是一种质量较好的草粉。蚕豆叶片中的

粗蛋白质含量高达20%以上,是一种营养价值较全面的蛋白质、维生素补充饲料。

蚕豆茎叶的营养成分依其茎叶比而定,叶比重在1/2以上的可达到蛋白质饲料水平,叶比重低者则属于粗饲料。因此,为提高蚕豆茎叶粉的质量,尽量减少叶片的丢失,提高叶片的比重极为关键。粗饲料类型的蚕豆茎叶粉的氨基酸含量都不能满足猪的营养需要。以茎叶比为80∶20的蚕豆茎叶粉为例,其粗蛋白质为9.4%,粗纤维为30.2%,猪消化能为2.89兆焦/千克。属于蛋白质饲料型的纯蚕豆叶粉中的必需氨基酸含量相当于优质苜蓿草粉,其粗蛋白质含量高达21.9%,粗纤维为10.8%,猪消化能为3.03兆焦/千克。蚕豆茎叶粉的质量指标如表2-31所示。

表2-31　饲料用蚕豆茎叶粉的质量指标

质量指标(%)	一　级	二　级	三　级
粗蛋白质	≥22.0	≥19.0	≥16.0
粗纤维	<13.0	<15.5	<18.0
粗灰分	<15	<15	<15

4. 甘薯茎叶粉　是将甘薯地上部分茎叶晒干后,经粉碎的粗饲料,是甘薯种植地区农家常用养猪饲料之一。甘薯的地上部分可分为叶片、叶柄和茎三部分,不同收贮条件下的甘薯茎叶比有着明显的差别,因收割、晾晒方法不同,叶片丢失比例也不同,其养分含量各异。叶片干物质中粗蛋白质含量可高达25%,叶柄中也含有约14%的粗蛋白质,用天然比例叶和叶柄制成的草粉,粗蛋白质含量高达20%,粗纤维含量一般在15%以下,但甘薯茎的营养成分与一般农作物的秸秆相似。若收割调制方法不当,大量叶片丢失,其营养价值变得低劣,因此,甘薯茎叶粉的质量取决于甘薯藤的茎叶比。甘薯茎叶粉的质量指标如表2-32所示。

表 2-32　饲料用甘薯茎叶粉的质量指标

质量指标(%)	一　级	二　级	三　级
粗蛋白质	≥15.0	≥13.0	≥11.0
粗纤维	<13.0	<18.0	<23.0
粗灰分	<13	<13	<13

5. 木薯叶粉　是以新鲜木薯叶为原料，经干燥加工成的饲料用木薯叶粉。木薯叶粉营养丰富，是蛋白质、矿物质和维生素的良好来源。一般木薯叶粉含粗蛋白质 15%～20%，粗纤维含量 10%～27%。木薯叶粉的矿物质和微量元素中，锰的含量非常丰富，铁、锌含量也相当高，但缺磷少铜。木薯叶粉粗蛋白质含量约为 20%，且赖氨酸含量也较高。优质木薯叶粉的粗纤维含量在 18%以下。猪消化能为 5.56 兆焦/千克。木薯叶粉的质量指标如表 2-33 所示。

表 2-33　饲料用木薯叶粉的质量指标

质量指标(%)	一　级	二　级	三　级
粗蛋白质	≥17.0	≥14.0	≥11.0
粗纤维	<17.0	<20.0	<23.0
粗灰分	<9	<9	<9

6. 树叶粉　新鲜树叶经干燥、粉碎即成树叶粉。树叶粉可部分取代能量饲料和蛋白质饲料。适宜做猪饲料的树叶主要有国槐叶、洋槐叶、紫穗槐叶、榆树叶、油松叶、梨树叶、苹果树叶等。

树叶粉的饲用价值取决于树种、树叶的生长期和树叶的成分等。不同树种的树叶营养成分不同，豆科树叶(如国槐、洋槐、紫穗槐等)富含蛋白质，约占干物质的 20%以上。果树叶(如梨树、苹果树叶等)则具有较高的消化能。就树叶季节来看，以春季生长早期的鲜嫩叶含粗蛋白质较高，而粗纤维含量低，营养价值最高；夏、秋季的青绿落叶次之；冬季枯黄树叶粗纤维含量增多，粗蛋白质减少，其营养价值最低。有些树叶单宁含量高，不仅适口性差，又影响养分的消化利用，一般不宜做猪饲料；而有的树叶(如夹竹桃等)含有毒素，绝不能做猪饲料。

树叶类饲料营养成分差异很大，特性各异。如松针粉含有大量的维生素 C、维生素 E、维生素 D 和维生素 K，尤其是胡萝卜素含量很高，故有维生素粉之称。但因含有松脂气味和挥发性物质，在猪饲料中的比例不宜过高。豆科树叶粉富含蛋白质，在猪配合饲料中的比例可占到 5%～10%，能显著提高猪的增重和饲料利用率。配合饲料中加入 15%～20%的洋槐树叶，不但可以节约相应比例的精料，还可减少饲料消耗。常用作猪饲料树叶的营养成分见表 2-34。

表 2-34 常用作猪饲料树叶的营养成分 (%)

类别	干物质	粗蛋白质	粗脂肪	粗纤维	无氮浸出物	粗灰分	钙	磷
槐树叶	23.7	5.3	0.6	4.1	11.5	1.8	0.23	0.04
	100	22.4	2.5	17.3	48.5	7.6	0.96	0.17
洋槐叶	23.1	6.9	1.3	2.0	11.6	1.8	0.29	0.03
	100	29.9	5.6	8.6	48.9	7.8	1.25	0.12
紫穗槐叶	42.3	9.1	4.3	5.4	20.7	2.8	0.08	0.40
	100	21.5	10.1	12.7	48.9	6.6	0.18	0.94
榆树叶	30.6	7.1	1.9	3.0	13.7	4.2	0.76	0.07
	100	23.2	6.2	9.8	44.8	16.0	2.49	0.23
枣树叶	34.0	4.9	1.9	3.7	19.4	4.1	—	—
	100	14.4	5.6	10.9	57.0	12.1	—	—

续表 2-34

类　别	干物质	粗蛋白质	粗脂肪	粗纤维	无氮浸出物	粗灰分	钙	磷
桑　叶	28.3	4.0	3.7	6.5	9.3	4.8	0.65	0.85
	100	14.1	13.0	22.9	32.8	16.9	2.29	3.00
松　针	31.6	2.9	4.0	9.8	18.3	1.1	0.40	0.08
	100	8.0	11.0	27.1	50.7	3.0	1.10	0.19

(四)矿物质饲料

猪营养所需的矿物质元素至少有 13 种。猪的饲粮组成以植物性饲料为主,矿物质无论数量或质量都不能完全符合猪的需要。为满足全价配合饲料中猪所必需的矿物质元素,就需要用矿物质饲料来补充。猪需要的矿物质种类虽多,但在实际饲用条件下,需要大量补充的主要是常量元素钙、磷、钠和氯。

1. 石粉　即石灰石粉。基本化学成分是碳酸钙,是应用最广、最方便、最廉价的矿物质补充料。也广泛用作矿物质添加剂预混料的稀释剂和载体。凡是铅、砷、氟等有害元素含量不超过安全标准的石灰石均可作为加工石粉的原料。石灰石一般含纯钙 34%~38%。猪用石粉要求粒度较细,应通过 32~36 目筛。一般饲粮中用量为:仔猪 1%~1.5%,生长肥育猪 2%,种猪 2%~3%。除石灰石外,其他天热矿石如白垩、方解石、白云石等也常作为加工钙质矿物饲料的原料。

2. 贝壳粉　由各种贝类外壳、蚌壳、蛤蜊壳、螺蛳壳等为原料加工而成。鲜贝壳含有一定的有机物质,经高温消毒、粉碎、过筛,加工成灰色或灰白色粉末,是很好的钙质矿物质饲料。其主要成分是碳酸钙,品质优良者含碳酸钙在 95%以上。贝壳粉和石粉的含钙量相似,为 34%~38%。混杂细沙的贝壳粉含钙量低,应注意质量检测。若贝肉未除尽，加工贮存不当，堆积日久易发生霉变，使其饲用价值降低。在选购应用时要特别注意。

3. 蛋壳粉　由蛋品加工厂或大型孵化场收集的蛋壳经灭菌、干燥、粉碎而成。鸡蛋壳占蛋重的12%左右。蛋壳粉含碳酸钙89%～97%，其中含钙30%～40%，是理想的廉价钙源饲料，饲用价值高。蛋品加工后的蛋壳或孵化出雏后的蛋壳，都残留一些壳膜和蛋白质，因而蛋壳粉还含有2%～5%的有机物。蛋壳干燥的温度应超过82℃，以保证消毒效果，消除传染病源。产品应标明钙和蛋白质的含量。

4. 骨粉　骨粉因加工方法不同，其成分和饲用价值各异。广泛应用于猪配合饲料的是蒸制骨粉，是用兽骨经高压蒸或煮，除去有机物质后经干燥、粉碎而成。其主要成分是磷酸钙。优质蒸制骨粉，一般含钙量为30%～36%，磷为11%～16%。骨粉是我国配合饲料中常用的磷源饲料，钙磷比例为2∶1左右，符合动物机体的需要。但不经脱脂、脱胶和高压蒸煮灭菌直接粉碎制成的骨粉，俗称生骨粉。因其质量坚硬，不易消化，且含有较多的脂肪和蛋白质，易腐败变质，常携带大量病菌，引发疾病传染，故不宜作为钙、磷源饲料用。

5. 食盐　钠和氯是动物所必需的矿物质元素，食盐含有钠和氯两种元素。由于一般植物性饲料中的含量甚微，不能满足猪的需要，因而必须在饲粮中补充食盐。猪对食盐的需要量，随年龄、体重、生理状态等而异。在猪配合饲料中，对食盐要求粒度较细，通常按0.25%～0.5%的比例添加，必须搅拌均匀。若饲料中含有酱渣、咸鱼粉（掺有大量食盐）等含盐饲料时，要特别注意防止食盐过量而引起猪群中毒。

（五）饲料添加剂

饲料添加剂是指向配合饲料中添加的各种微量成分。它的主要作用是完善饲粮的全价性，提高饲料的利用率，促进生长和预防某些疾病，改善畜禽产品质量等。饲料添加剂要遵循安全性、经济性和使用方便的原则，用前要考虑添加剂的效价和有效期，还要注意限用、禁用、用法、配伍禁忌等规定。

猪添加剂的种类很多，通常按其作用可分为营养性添加剂和非营养性添加剂两大类。前者包括氨基酸、维生素及微量元素等，后者包括生长促进剂、驱虫保健剂、饲料保存剂等。

1. 营养性添加剂 营养性添加剂的用途是平衡猪饲粮的营养。添加的品种和数量取决于基础饲粮的状况，缺什么补什么，缺多少补多少。在正常情况下，要根据猪的不同生长阶段和生产目的，按照饲养标准确定添加剂的种类和数量。

(1)氨基酸添加剂 猪饲料主要是植物性饲料，一般易缺的必需氨基酸是赖氨酸、蛋氨酸、色氨酸和苏氨酸等。

①赖氨酸 赖氨酸往往是猪日粮中的第一限制性氨基酸。一般动物性蛋白质饲料和大豆饼粕中富含赖氨酸，其余植物性饲料含赖氨酸均较低。赖氨酸被看作是“生长氨基酸”，饲粮中的含量充足与否，会对猪的生长产生显著影响。在缺乏动物性蛋白质饲料和大豆饼粕的饲粮中，必须添加赖氨酸，以提高养猪效益。在养猪生产中，用作饲料添加剂的是L-赖氨酸盐酸盐制品，为白色或浅褐色粉末，无味或略有特殊气味，其商品上标明的含量为98%时，是指L-赖氨酸和盐酸的含量，扣除盐酸后，L-赖氨酸的含量只有78%左右，在使用这种添加剂时，要按实际含量计算。

②蛋氨酸 蛋氨酸添加剂有数种，通常在猪饲料中添加的是人工合成的DL-蛋氨酸，产品为白色至淡黄色结晶，其商品的纯度规定为98.5%。使用时可不用折算。蛋氨酸在饲料中的添加量，原则上只补足饲料中蛋氨酸的不足部分。蛋氨酸和胱氨酸都是含硫氨基酸，猪的需要常用蛋氨酸＋胱氨酸来表示。

③色氨酸 色氨酸也是最易缺乏的限制性氨基酸。除大豆饼

粕色氨酸含量较高外，其他饲料含量均较低。在以玉米、肉粉、肉骨粉为主的饲粮中，色氨酸含量仅能满足猪需要量的 60%～70%，在饲料中应补充色氨酸。色氨酸添加剂有 L-色氨酸和 DL-色氨酸两种产品。L-色氨酸呈白色或淡黄色粉末，其商品的纯度为 97%～98.5%。DL-蛋氨酸对猪的相对活性相当于80%～85%的 L-色氨酸。

④苏氨酸　苏氨酸是一种必需氨基酸，也是幼猪生长阶段的一种限制性氨基酸。在以小麦、大麦等谷实为主的饲料中，苏氨酸的含量往往不能满足猪的需要。猪配合饲粮中添加的是人工合成的 L-苏氨酸制品，是一种无色至白色结晶体，其商品纯度为 95%～98.5%。在仔猪饲粮中，赖氨酸和苏氨酸之间的最佳比例为 1.5∶1。

(2)维生素添加剂　维生素是维生素添加剂的活性成分，此外，添加剂还包括载体、稀释剂、吸附剂等，以保护维生素的活性和便于在配合饲粮中添加，所以在使用时要了解其中维生素的有效含量。根据添加剂中维生素的有效含量与猪对维生素的需要量，即可确定添加剂量。一般基础饲料中所含维生素可作为保证量而不计算在内。为了实际使用方便，在养猪生产中应用的维生素多采用复合添加剂的形式，即产品中同时含有多种维生素。

使用维生素添加剂时必须注意以下几点：第一，必须混合均匀。需要用载体预混合，常用的载体有淀粉、麸皮等。第二，应考虑其稳定性和生物学效价。一些维生素的化学稳定性和光热稳定性差，如若贮存不当或贮存太久，其活性损失较大。第三，必须严格控制其使用品种和使用剂量。做到既能满足猪体需要，又不致造成浪费，达到科学、高效使用维生素的目的。

猪饲粮中需要添加的维生素种类很多，常用的有维生素 A、维生素 D、维生素 E、维生素 B_1、维生素 B_2、维生素 B_{12}、维生素 C 等。由于维生素的加工合成和成品保存对温度等有着严格的要求，一般采用单体维生素，由于条件不具备，造成维生素损失和搅拌不均而影响维生素的饲喂效果，因而现在多应用复合维生素添加剂。

(3)微量元素添加剂　猪饲料中需要添加的微量元素有铁、铜、锌、锰、硒、碘、钴等。微量元素添加剂主要是指含有上述元素的化合物。常用的有硫酸亚铁、硫酸铜、氧化铜、硫酸锰、硫酸锌、氧化钴、亚硒酸钠等。由于微量元素的用量极微，直接添加到饲粮中很难保证混合均匀。因此，一般是将微量元素的化合物附着于载体，并用稀释剂进一步扩大体积。所以，微量元素添加剂实际是由微量元素与载体和稀释剂制成的混合物。

微量元素营养作为猪体整个营养的一部分，其添加剂只是饲粮的一个有机组成部分，但它绝不能代替能量、蛋白质和维生素等养分。在正常情况下，只有在混合饲料中能量、蛋白质、维生素和矿物质常量元素等营养基本满足其需要的前提下，才能发挥微量元素添加剂的营养效用。

微量元素的添加量，严格来讲，应为饲养标准规定的需要量与饲料中可利用量之差，但由于在猪饲粮中微量元素添加量甚微，而基础饲料中含量变化幅度很大，又不易分析，鉴于这种情况，在实际确定添加量时，通常把饲养标准规定的微量元素需要量作为添加量，而将基础饲料中的含量忽略不计。这样既简化了计算程序，又便于实际应用。在计算添加量时，要按微量元素在化合物中所占比例(即在化合物纯度为100%时微量元素的含量)和原料纯度进行换算，从而确定实际添加量。例如，五水硫酸铜($CuSO_4 \cdot 5H_2O$)含铜(Cu)25.5%，原料纯度为98.5%，现需要添加铜100克，那么需要五水硫酸铜克数可用下式计算：100克÷25.5%÷98.5%＝398克。

微量元素添加剂化合物种类繁多，主要元素在不同化合物中的含量及利用率各不相同(表2-35)。一般而言，微量元素化合物可利用率以硫酸盐较好，氧化物较差。但硫酸盐多带有结晶水，流动性较差，不易与饲料拌匀。氧化物的优点是微量元素含量高，价格便宜，又不易吸湿结块，流动性和稳定性较好，容易加工。在选择微量元素添加剂原料时，应注意以下三点：一是微量元素在化合物中的含量；二是微量元素的可利用率；三是用作微量元素化合物的规格要求。

表 2-35　几种无机来源微量元素和估测的生物学利用率　（%）

微量元素来源		化学分子式	元素含量	相对生物学利用率
铁	一水硫酸亚铁	$FeSO_4 \cdot H_2O$	30.0	100
	七水硫酸亚铁	$FeSO_4 \cdot 7H_2O$	20.0	100
	碳酸亚铁	$FeCO_3$	38.0	15～80
	氧化亚铁	FeO	77.8	—
铜	五水硫酸铜	$CuSO_4 \cdot 5H_2O$	25.2	100
	一水碳酸铜	$CuCO_3 \cdot Cu(OH)_2 \cdot H_2O$	50～55	60～100
	无水硫酸铜	$CuSO_4$	39.9	100
	氧化铜	CuO	75.0	0～10
锌	一水硫酸锌	$ZnSO_4 \cdot H_2O$	35.5	100
	七水硫酸锌	$ZnSO_4 \cdot 7H_2O$	22.3	100
	氧化锌	ZnO	72.0	50～80
	碳酸锌	$ZnCO_3$	56.0	100
锰	一水硫酸锰	$MnSO_4 \cdot H_2O$	29.5	100
	氧化锰	MnO	60.0	70
	碳酸锰	$MnCO_3$	46.4	30～100
	四水氯化锰	$MnCl_2 \cdot 4H_2O$	27.5	100
钴	六水氯化钴	$CoCl_2 \cdot 6H_2O$	24.3	100
	七水硫酸钴	$CoSO_4 \cdot 7H_2O$	21.0	100
	一水硫酸钴	$CoSO_4 \cdot H_2O$	34.1	100
	一水氯化钴	$CoCl_2 \cdot H_2O$	39.9	100

续表 2-35

微量元素来源		化学分子式	元素含量	相对生物学利用率
硒	亚硒酸钠	Na_2SeO_3	45.0	100
	十水硒酸钠	$Na_2SeO_4 \cdot 10H_2O$	21.4	100
碘	碘化钾	KI	68.8	100
	碘酸钙	$Ca(IO)_2$	63.5	100

2. 非营养性添加剂 非营养性添加剂是指一些不能给动物提供营养素的化合物或药物。这类添加剂在配合饲料中占的比例很小，但其作用是多方面的，根据这些添加剂所起的作用，可区分为生长添加剂、驱虫保健剂、饲料保存剂、调味剂、中草药添加剂、改善环境添加剂等。在此，仅就养猪生产中常用的几种非营养性添加剂简要介绍如下。

(1)抗生素添加剂 抗生素对保障动物健康和促进生长有一定效果，特别是在环境卫生较差、饲养水平较低时效果显著。抗生素作为饲料添加剂，其作用主要在于抑制有害微生物的繁殖，提高畜禽的生产性能。但是，长期饲用抗生素可导致病菌产生抗药性，不仅增加了疾病治疗的困难，而且抗生素还会残留在猪肉中，有碍肉品卫生。因此应选择安全性高，且不与人医临床共用的动物专用抗生素作为饲料添加剂。用作添加剂的抗生素种类很多，现将我国允许使用的部分抗生素予以简述，其使用对象、年龄、饲料添加剂等见表 2-36。

①杆菌肽锌 在猪饲料中添加可明显促进增重和提高饲料效率。杆菌肽常与金属离子生成干燥状态下较稳定的络合物，其中杆菌肽锌是应用最广的抗生素饲料添加剂，具有高效、低毒、残留量少等优点。

②硫酸粘杆菌素 具有抗菌、促生长、改善饲料利用率的作用，在动物体内不会产生耐药菌株。硫酸粘杆菌素药效较好，可防

治仔猪细菌性痢疾和其他肠道疾病。

③土霉素 具有广谱抗菌作用，主要是抑制细菌生长和繁殖。用作饲料添加剂，常用其钙盐和季胺盐，能促进猪生长和提高饲料利用率，对幼猪效果明显。但易产生抗药性，一些国家已禁止使用。我国这类抗生素产量大，质量好，价格低，目前土霉素钙在广泛使用。

④恩拉霉素 对革兰氏阳性菌有很强的活性，特别是对肠道的有害梭状芽孢杆菌抑制力极强。长期使用后不容易产生抗药性。由于它改变了肠道内的细菌群，所以对饲料中营养成分的利用效果好，从而促进猪增重和提高饲料利用率，且残留量很小。恩拉霉素经粪便排出后，对环境无毒害作用，因而是一种安全有效的动物专用抗生素。

⑤维吉尼亚霉素 维吉尼亚霉素稳定性很好，室温保存 3 年效价不变。当添加到饲料中时，经粉碎、混合、蒸汽制粒等加工处理，都可保持稳定效价。它能影响肠道内菌落，不仅可以有效防治猪细菌性腹泻，还可促进生长和提高饲料利用率，几乎不产生抗药性，残留量也很小。

⑥北里霉素 对革兰氏阳性菌有较强的抗菌作用，对某些革兰氏阴性菌、猪肺炎支原体等也有抑制作用。用作饲料添加剂是安全的，可防治疾病、促进生长和提高饲料利用率。口服吸收良好，体组织分布广泛，并经尿排出，且残留量很低。

(2)喹乙醇添加剂 喹乙醇又名快育灵，它是一种化学合成的抗菌药，同时又是一种生长促进剂，因而将其归属为保健助长剂，近些年来，在养猪业中得到广泛应用。

喹乙醇是一种广谱抗菌剂，抗菌效力好，对革兰氏阴性菌（如大肠杆菌、沙门氏菌、志贺氏菌和变形杆菌等）特别敏感；对革兰氏阳性菌（如葡萄球菌、链球菌等）也有较好的抑菌作用。喹乙醇对猪肠道有害菌有明显的抑制作用，特别对猪痢疾具有极好的防治

表 2-36 饲料中几种常用抗生素添加剂用量 (g/t)

抗生素	猪只月龄	用量	停药期	备注
杆菌肽锌	4 月龄以下	4～40	0	几乎不被猪体吸收，故组织极少残留
维吉尼亚霉素	4 月龄以下	10～20	宰前 1 天	体重 45 千克以上的猪禁用
硫酸粘杆菌素	2 月龄以下	2～40	宰前 7 天	
	2 月龄以上	2～20		
泰乐霉素	2 月龄以下	20～100	宰前 5 天	
	2～4 月龄	10～50		
恩拉霉素	4 月龄以下	2.5～20	宰前 7 天	
土霉素	2 月龄以下	15～50	宰前 7 天	
	4 月龄以下	10～20		
北里霉素	2 月龄以下	5～35	宰前 3 天	促进生长用
		80～300		预防疾病用

作用。同时，喹乙醇还能够影响代谢，强化体内蛋白质的同化作用，从而可有效地促进猪的生长和增重，并提高胴体的瘦肉率，减少饲料消耗。

喹乙醇在动物体内吸收迅速，排泄完全，无蓄积作用，应用安全。4 月龄以内的幼猪每吨饲料添加 15～50 克，在仔猪料中可添加 50～100 克/吨，停药期为 35 天。

(3)有机酸添加剂　仔猪料中添加有机酸，可增强仔猪胃内的酸度，提高胃蛋白酶的活性，抑制胃肠有害菌的繁殖，促进有益菌的生长。因此，使用有机酸添加剂可以增强仔猪健康，减少疾病，提高生长速度和饲料利用率。作为猪饲料添加剂的有机酸有柠檬酸、延胡索酸、苹果酸、乳酸、乙酸和丙酸等，其中以柠檬酸的效果较好。40 日龄内的仔猪料添加 1%～2.5%的有机酸，仔猪增重效果显著。

(4)益生菌添加剂　又称微生态制剂、微生物制剂、活菌制剂等。益生菌是与抗生素相对的新概念,它是指在动物消化道内起有益作用的微生物制剂。益生菌种很多,其常用菌种有乳酸菌、双歧杆菌、芽孢杆菌等,其中以乳酸菌和芽孢杆菌应用较多。饲料中添加益生菌可以提高增重、改善饲料转化率、增强机体免疫力、防治疾病、降低死亡率、提高生产效益。目前益生菌添加剂产品多为粉剂,可直接与饲料混合使用。在配合饲料中的添加量一般为0.1%～1%。

四、饲料养分及营养价值表示方法

(一)饲料养分含量的表示方法

1. 一般表示方法

(1)百分含量(%)　在100(克、毫克、微克等)饲料总量中,某种养分所占的比例。如水分、粗蛋白质、粗脂肪和粗灰分等,它们是饲料的一般成分,分别用百分比表示其含量。

(2)毫克/千克(mg/kg)　在1千克饲料总量中,某一种养分所占的毫克数。饲料中的微量元素和大多数维生素都用重量(mg/kg)来表示其含量。

2. 不同干物质基础表示方法

(1)原样基础　也叫新鲜基础、潮湿基础等。是指未经处理的按采样时原来状态所测定的成分含量。在此基础上的饲料干物质含量的变化范围为0%～100%。

(2)风干基础　这是指经过风干或烘干,但还会含有约10%的水分状态。绝大多数饲料都是以风干状态饲用。在通常情况下,风干饲料的水分含量均在15%以下,干物质含量在85%以上。

(3)绝干基础　是指饲料在100℃～105℃温度下烘干脱水后所剩的物质叫干物质，即不含水分或100%干物质状态。

(4)不同干物质基础营养成分计算　当比较两种饲料饲用价值时，由于各自的水分含量不同，故相对含有的各种营养物质也相差悬殊，因而无法确切进行比较，为此需要将两种饲料折算成含水量相同时才能够比较；或者有时需要将一种饲料的某一基础表示的数值，改变成另一基础表示的数值时，也需要进行换算。换算可按下列方法进行：首先算出基准饲料（比较标准）干物质与折算饲料干物质两者间的比值，这个比值叫做各种养分的换算系数；然后再用这个系数乘以被折算饲料原有各种养分含量，就可以得到所求各种养分的含量。

$$\text{养分换算系数}=\frac{\text{基准饲料干物质百分数}}{\text{折算饲料干物质百分数}}=\frac{100-\text{基准饲料养分}}{100-\text{折算饲料养分}}$$

例如，查表得知风干紫花苜蓿和红三叶鲜草成分，如表2-32所示。若以风干紫花苜蓿为比较标准（基准饲料）算出红三叶草在与风干紫花苜蓿含水相同(9.15%)条件下的养分含量（表2-37）。

表2-37　紫花苜蓿、红三叶草营养成分　(%)

类　别	水　分	粗蛋白质	粗脂肪	粗纤维	无氮浸出物	粗灰分
紫花苜蓿	9.15	12.97	3.08	32.06	32.91	9.83
红三叶草	82.85	1.78	0.55	4.90	4.90	1.82

第一步，求养分换算系数。

$$\text{养分换算系数}=\frac{100-\text{基准饲料养分}}{100-\text{折算饲料养分}}=\frac{100-9.15}{100-82.85}=\frac{90.85}{17.15}=5.2974$$

第二步，算出红三叶草在与紫花苜蓿同一干物质基础上的养分含量(取小数点后两位)。

粗蛋白质＝1.78×5.2974＝9.43

粗脂肪＝0.55×5.2974＝2.91

粗纤维＝4.90×5.2974＝25.96

无氮浸出物＝4.90×5.2974＝25.96

粗灰分＝1.82×5.2974＝9.64

表 2-38　含水相同时两种饲料营养成分比较　(%)

类　别	水　分	粗蛋白质	粗脂肪	粗纤维	无氮浸出物	粗灰分
紫花苜蓿	9.15	12.97	3.08	32.06	32.91	9.83
红三叶草	9.15	9.43	2.91	25.96	42.91	9.64

由表 2-38 可见,在含水量相同的情况下,紫花苜蓿的粗蛋白质、粗脂肪都较红三叶草高,据此可以初步判定紫花苜蓿是一种营养价值较高的饲料。

饲料原样折合绝干物质及风干物质可查表 2-39。

表 2-39　原样折合绝干物质及风干物质查对表

样品中水分含量(%)	每千克绝干物质需原样重(kg)	每千克风干物质需原样重(kg)	样品中水分含量(%)	每千克绝干物质需原样重(kg)	每千克风干物质需原样重(kg)
99	100	90	74	3.8	3.5
98	50	45	73	3.7	3.3
97	33	30	72	3.6	3.2
96	25	22.5	71	3.3	3.1
95	20	18	70	3.3	3.0
94	16.6	15	69	3.2	2.9
93	14.3	12.9	68	3.1	2.8
92	12.5	11.2	67	3.0	2.7
91	11.1	10	66	2.9	2.6

续表 2-39

样品中水分含量(%)	每千克绝干物质需原样重(kg)	每千克风干物质需原样重(kg)	样品中水分含量(%)	每千克绝干物质需原样重(kg)	每千克风干物质需原样重(kg)
90	10	9	65	2.9	2.6
89	9.1	8.2	64	2.8	2.5
88	8.3	7.5	63	2.7	2.5
87	7.7	6.9	62	2.6	2.4
86	7.1	6.4	61	2.6	2.3
85	6.7	6	60	2.5	2.2
84	6.3	5.6	50	2.0	1.8
83	5.9	5.3	40	1.7	1.5
82	5.6	5	30	1.4	1.3
81	5.3	4.7	20	1.3	1.1
80	5	4.5	15	1.2	1.1
79	4.8	4.3	14	1.2	1.0
78	4.5	4.1	13	1.1	1.0
77	4.3	3.9	12	1.1	1.0
76	4.2	3.8	11	1.1	1.0
75	4.0	3.6	10	1.1	1.0

(二)猪饲料营养价值的表示方法

1. 能量 由于能量来自碳水化合物、脂肪、蛋白质，且可以互相代替，因而可用能量将三种物质概括为一个统一单位，作为衡量营养价值的指标。统一衡量热能的单位叫做卡，为方便使用，常用单位为千卡(亦称大卡，即卡的1 000倍)或兆卡(即千卡的1 000倍)。近年来，普遍采用了更为确切的能量衡量单位“焦耳”。卡和焦耳的等值关系为：

1卡(Cal)=4.184焦耳(简称焦,J)

1 千卡(Kcal)＝4.184 千焦(KJ)

1 兆卡(MCal)＝4.184 兆焦(MJ)

(1)总能(GE)　是指单位重量饲料中碳水化合物、脂肪和蛋白质全部氧化所释放的热量总和。

(2)消化能(DE)　是指饲料中可消化有机物所含的总能量。猪吃进饲料中的有机物，有一部分可被消化吸收，另一部分不能被消化吸收的则通过粪便排出体外，从粪中排出的有机物质所含能量即为粪能。因而消化能就等于饲料总能减去粪能。

消化能＝饲料总能－粪能

消化能在很大程度上反映出饲料的可利用能量，所以被用作衡量饲料有效能值和作为家畜的能量需要指标，猪的饲养标准通常都是以消化能作为能量的表达单位。

(3)代谢能(ME)　是指饲料中被吸收利用的养分所含的能量。由饲料总能减去粪能、尿能和胃肠道气体(甲烷)能后，即为代谢能。

代谢能＝饲料总能－粪能－尿能－甲烷能

　　　＝饲料消化能－尿能－甲烷能

单胃动物的代谢能测定，不需计算甲烷，故猪的代谢能为

代谢能＝饲料总能－粪能－尿能

　　　＝饲料消化能－尿能

2. 蛋白质

(1)粗蛋白质与可消化粗蛋白质含量　粗蛋白质和可消化粗蛋白质是评定饲料蛋白质营养价值的基础。饲料蛋白质的营养价值，首先取决于其中蛋白质的含量，其次是可消化蛋白质的含量。饲料蛋白质通常以粗蛋白质含量表示，饲料含氮量乘以蛋白质转换系数 6.25 即为粗蛋白质含量，以百分数表示。

饲料可消化粗蛋白质含量，要通过消化试验测定，并按下式得来。

$$粗蛋白质消化率(\%)=\frac{消化粗蛋白质(克)}{粗蛋白质食入量(克)}\times 100\%$$

可消化粗蛋白质含量＝粗蛋白质含量×消化率

(2)蛋白质生物学价值　蛋白质生物学价值是评定饲料蛋白质品质的指标之一。它是指饲料蛋白质被动物消化吸收转化为组织蛋白质的效率，即饲料蛋白质在动物体内的存留量占饲料蛋白质消化量的百分数。例如，猪体每消化吸收100克饲料蛋白质，其中有70克用于猪体蛋白质的更新、生长等，其余30克则因构成蛋白质的氨基酸不平衡未被猪体利用，则这种饲料蛋白质生物学价值为70。由此可见，蛋白质生物学价值越高，其营养价值就越高。

(3)必需氨基酸含量和比例　饲料中氨基酸的适宜含量与合理配比，是提高饲料蛋白质利用效率的前提。因而，近年来广泛用其评定饲料的蛋白质营养价值。

猪体组织中各种氨基酸的比例是比较固定的，饲料蛋白质提供的各种必需氨基酸与此比例一致时，在体内被利用的效率最高。凡能充分满足机体合成组织蛋白质需要，所有的氨基酸既不缺少又不过量时的必需氨基酸间的相互比例，就是最佳比例，通常称为理想氨基酸配比或理想蛋白质必需氨基酸模式。例如，体重20～50千克阶段生长猪的理想蛋白质必需氨基酸模式为(以赖氨酸为100)：赖氨酸100，蛋氨酸＋胱氨酸57，苏氨酸64，色氨酸18，异亮氨酸54，亮氨酸95，苯丙氨酸＋酪氨酸92，缬氨酸67，组氨酸32。

3. 矿物质和维生素

(1)矿物质　饲料矿物质营养评定中，矿物质元素含量是其主要指标之一，常量元素以在饲料中的百分含量表示(%)，微量元素以每千克饲料中的毫克数表示(mg/kg)。饲料中的钙以总钙量表示，含磷量则以总磷量和有效磷(非植酸磷)来表示。为猪配料时，可按下式计算：

有效磷(非植酸磷)＝总磷－植酸磷

矿物元素有效利用率，即饲料矿物元素被猪体用作生理功能活动和生产肉脂产品的效率。猪对不同种类和来源的矿物元素，利用效率差异很大。

(2)维生素　一般根据饲料中的各种维生素含量，评定其维生素营养价值。现在除了维生素A、维生素D、维生素E的衡量单位仍沿用国际单位(IU)外，其他维生素均以重量单位(毫克/千克或微克/千克)来表示。

在养猪生产成本中，饲料费用占的比例最大，一般要占70%以上。所以，养猪生产者的主要任务之一是掌握各种饲料饲用特性和营养特点，合理的选择和搭配使用，这样才可达到降低成本，提高经济效益的目的。

第三章 猪配合饲料配方设计

一、猪配合饲料的种类

配合饲料的生产已工业化、专业化和商品化。猪配合饲料的种类很多,一般有以下几种分类方法。

(一)按饲料形状分类

在猪的配合饲料中,根据配合饲料的产品形状或剂型,主要可以分为如下两类:第一类,粉状饲料。把所有的原料按需要粉碎,然后再按比例混合即可,这种料型加工方法简单、成本低,但易引起猪挑食造成浪费,同时饲养效果较差。第二类,颗粒饲料。是以粉料为基础,经过加压成型处理的块状饲料。这种料密度大、体积小、适口性好,具有增加猪的采食量、饲料报酬高的优点。由于加温加压能破坏饲料中的部分有毒成分(如大豆中的抗胰蛋白酶),但同时也使一部分维生素和酶类受到破坏,在实际使用中应注意适量添加维生素。

(二)按喂养对象分类

一般按不同的生长阶段和生产性能分类,可分为母猪料、种公猪料、仔猪料、后备猪料和生长肥育猪料。母猪料又有妊娠前期、妊娠后期和哺乳期之分。种公猪料有配种期料、非配种期料。仔猪料又按生长需要分为体重 1～5 千克、5～10 千克、10～20 千克,或 1～20 千克。后备猪料多指体重 20～70 千克的青年猪。生长肥育猪料按生长阶段分为体重 20～35 千克、35～60 千克、60～90

千克,或 20～55 千克和 55 千克以上。

(三)按营养和用途特点分类

这是配合饲料产品的基本类型。一般可分为添加剂预混料、浓缩料和全价配合饲料 3 大类。添加剂预混料和浓缩饲料是半成品,不能直接作为饲粮;全价配合饲料是终产品,可以直接饲喂。3 类配合饲料的关系为:饲料添加剂加载体或稀释剂构成预混合饲料,预混料加蛋白质饲料和矿物质饲料构成浓缩饲料,浓缩料加能量饲料构成全价配合饲料。

1. 添加剂预混料　由维生素、微量元素、氨基酸、抗菌药物等饲料添加剂的一种或多种以及载体和稀释剂等配合而成的饲料,叫添加剂预混料。一般占全价配合饲料的 1%～5%。添加剂预混料主要用于补充常规饲料含量少的矿物质、维生素和氨基酸等。添加剂预混料是配合饲料的核心部分。这种饲料一般养猪户不容易自己配制。根据所含成分的不同,又分为维生素预混料、微量元素预混料和复合预混料。

(1)维生素预混料　是由猪所需要的各种维生素按一定比例加上载体配制而成。俗称"多维"、"复合维生素"。因为维生素在贮存过程中容易受破坏,猪处于应激或疾病情况下会增加对维生素的需要,所以,维生素预混料中的维生素的含量常常比饲养标准中的高。

(2)微量元素预混料　是由猪所需要的各种微量元素按一定比例加上载体配制而成。一般包括铁、铜、锰、锌、碘和硒等元素。

(3)复合预混料　这种预混料中所含的成分较多,一般包括维生素预混料、微量元素预混料及其他添加剂,如抗生素、酶制剂、抗氧化剂、防霉剂、色素等。有时也包含合成的氨基酸,如赖氨酸和蛋氨酸等。

2. 浓缩饲料　又叫"料精"。是由添加剂预混料、矿物质饲料和部分或全部蛋白质饲料构成的饲料。是一种半成品，与能量饲料按一定比例可配合成全价料。这种饲料对于养猪户有自产的玉米、糠麸等能量饲料时使用方便，只要按照配比将自产的玉米、糠麸等和购买的少量的浓缩料配合均匀即可。这样便大大节约了饲料的运输成本。这种配合饲料含有高浓度的蛋白质、矿物质和维生素，所以叫浓缩饲料。根据在全价饲料中所占的比例的大小，一般猪用浓缩料有10%以下和10%以上2大类。不管是那种浓缩饲料，一般都附有推荐饲料配方，用户只要按照配方比例配合即可。10%以内的浓缩料的用量比例，可为2%～9%，以5%较为普遍，一般包含添加剂预混料、食盐和钙磷补充料、合成氨基酸，有时还有鱼粉等蛋白质饲料或油脂。这种浓缩饲料与玉米、糠麸、饼粕类等饲料合理搭配，便可成为全价料。10%以上浓缩料的用量比例，可以从10%以上直到50%，甚至更多。这类饲料除了包括添加剂预混料、钙磷补充料、食盐和合成氨基酸外，还含有较多的蛋白质饲料，有时还有油脂。只需要按要求再加上一定比例容易购置的能量和蛋白质饲料，有的甚至只加些玉米、小麦等自家自备的能量饲料就可获得良好的饲养效果，非常方便和实用。

3. 全价配合饲料 是根据猪的饲养标准配合而成的营养全面、无需再添加任何饲料或添加剂、购买来就能够直接饲喂的饲料。这种饲料保证了营养的全价性和平衡性，能够满足猪对能量、蛋白质、矿物质、维生素、氨基酸等营养物质的需要，只是价格较高。

二、猪饲料配方的概念和意义

(一)猪饲料配方的概念

根据猪的营养需要、饲料的营养价值、原料的现状和价格等条件，合理地确定饲料的配合比例，这种饲料的配合比（往往是百分比例）即称为饲料配方。在进行饲料的配合时，一般均须有饲料配方。

单一饲料不能满足猪的营养需要，按照饲料配方的要求，选取不同数量的若干种饲料互相搭配，使其所提供的各种养分均符合饲养标准的要求，叫日粮配合。

（二）设计饲料配方的意义

合理的设计饲料配方是科学养猪的一个重要环节。设计饲料配方既要考虑猪的营养需要和生理特点，又应合理的利用各种饲料资源，设计出成本最低、饲养效果和经济效益最佳的饲料配方。

三、猪配合饲料配方设计的基本原则

在进行猪饲料配方设计时，应遵循以下 5 项原则。

（一）科学性原则

科学性是指以饲养标准为基础，注意营养的全面和平衡，并且符合猪的生理特点。猪因其品种、性别、生长阶段、饲养环境和生产目的的不同，对营养物质的需求也不同。如后备猪对能量的需求低于哺乳期母猪。种公猪参与配种，其精液形成需要大量的蛋白质，对蛋白质的需求较高。幼龄猪处于生长发育期，对蛋白质和维生素的需求高于成年猪。我国猪饲养标准规定了不同生产目的、不同生产阶段猪对营养的需求，应根据相应的猪饲养标准及饲料营养成分及营养价值表来配制饲粮。另外，需要特别注意的是，饲养标准虽然是制定猪饲料配方的重要依据，但总是有其适用的条件，任一条件的改变都可能引起猪对营养需要量的改变，根据变化了的条件随时调整饲养标准中的有关养分的含量是非常必要的。在营养平衡方面，尤其要注意必需氨基酸之间的平衡。

（二）经济性原则

在养猪生产成本中，饲料费用所占的比例很大，高达70%以上。所以，在配合饲料时，应尽量采用本地区生产的饲料，选择来源广泛、价格低廉、营养丰富的饲料原料，以最大限度的降低饲料成本。如用棉籽饼粕、菜籽饼粕、花生饼粕等部分替代豆粕；用肉骨粉部分替代鱼粉；用大麦、小麦、酒糟等部分替代玉米；也可添加一些青绿饲料、优质牧草等。

（三）适口性原则

猪实际摄入的养分，不仅决定于配合饲料的养分浓度，而且决定于采食量。判断一种饲料是否优良的一项重要指标是适口性，即食欲。如带苦味的菜籽饼或带涩味的高粱用的太多，饲料的适口性变差，从而影响猪的食欲，采食量降低，使仔猪的开食时间推迟，影响仔猪成活率。所以，在原料选择和搭配时应特别注意饲料的适口性。适口性好，可刺激食欲，增加采食量；适口性差，可抑制食欲，降低采食量，降低生产性能。

（四）安全性原则

饲料是人类食物链上的一个环节，所以，可以认为是人类的间接食品，因此，饲料的安全性对人类的健康具有重要的意义。人类常见的癌症、抗药性和某些中毒现象等可能与饲料中的抗生素、激素、重金属等的残留有关。所以，在选择饲料原料时，应防止或限制采用发霉变质、有毒性的饲料。如花生饼易产生黄曲霉毒素，菜籽饼中含有芥子酸，棉籽饼中含有棉酚，没有经过脱毒应该限制使用量。有条件的用户，可以先进行脱毒处理，然后再使用。

目前，我国政府已把饲料安全质量问题提高到一个新的高度，无论在饲料立法和饲料市场的整治力度上都是空前的。已对《饲料与饲料添加剂管理条例》进行了修改，增加了保障饲料安全的内容；同时，加大了饲料安全检查力度，启动了饲料安全工程。所以，在进行饲料配方设计时应正确掌握饲料原料和饲料添加剂的使用方法，尽量减少不必要的药物添加剂的使用，同时，不要使用激素和其他非法违禁药物等，以确保饲料的安全。

(五)体积适中原则

配合日粮时，除了满足各种营养物质的需求外，还要注意饲料干物质的供给量，使日粮保持一定的体积。猪是单胃动物，胃容积相对小，对饲料的容纳能力有限。配制的饲料既要使猪吃饱、又要吃得下。因此，要注意控制饲粮中粗饲料的用量和粗纤维的含量。一般，仔猪饲粮中粗纤维的含量不超过 5%，生长肥育猪不超过 8%，妊娠母猪、哺乳母猪、种公猪和后备猪不超过 10%。

四、猪常用饲料的一般用量

综合考虑各阶段猪的营养需要、饲料的消化特点和营养特点、饲料的适口性、饲料价格高低等因素，各种饲料原料在猪日粮中所占的比例不尽相同，但都有一个大致的配比范围。在市场价格因素和贮存量发生变化的情况下，可参照表 3-1 所示的大致配比范围进行调整。平时我们所说的最佳饲料配方是指能满足动物营养需要而价格最低的配方，所以，在拟定配方时，应尽量选择那些成本低、来源广的原料。

表 3-1 猪常用饲料的大致配比范围 (%)

饲 料	配 比				
	生长肥育猪	后备母猪	哺乳母猪	妊娠母猪	种公猪
谷实类	35～80	35～80	50～80	30～80	50～80
玉 米	40～60	50～60	50～60	50～60	50～60
高 粱	10～20	20～30	10～20	10～20	10～20
小 麦	10～30	10～30	10～30	10～30	10～30
大 麦	10～30	10～30	10～30	10～30	10～30
碎 米	10～40	10～40	10～30	10～30	10～30
植物蛋白类	10～25	10～15	5～20	5～20	5～15
大豆饼	10～15	5～15	5～20	5～20	5～15
花生饼	10～20	10～20	10～20	10～20	10～20
棉籽饼	5～10	10～15	2～4	—	—
菜籽饼	5～10	—	—	—	—
芝麻饼	5～10	5～10	10～15	10～15	10～15
豆科籽实	0～15	0～20	0～20	0～10	0～20
动物蛋白类			6 以下		
糠麸类	5～10	5～20	—	10～25	5～20
粗饲料	1～5	1～5	1～5	1～7	1～5
青绿青贮类	—	—	20～50	20～50	20～50
矿物质类	1～2	1～2	2～3	1～2	1～2
石 粉	1.5	1.5	1.5	1.5	1.5
食 盐	0.5	0.5	0.5	0.5	0.5
酒 糟	20～30	20～30	20～30	20～30	20～30
酵 母	0～5	0～5	0～5	0～5	0～5

五、饲料配方计算方法

目前,常用的饲料配方的计算方法有试差法、对角线法、联立方程法和电子计算机法等。不管是哪种方法,如果做得正确,最后结果都是接近的,即比例合适的营养物质平衡和满足需要量的配方,同时也是能够获得最大的纯利润的配方。

(一)试差法

试差法是最基本和使用最普及的计算方法。首先根据经验大概编制一个配方,然后参照饲养标准减多补少,反复调整,逐一计算,直到所有指标基本符合或接近饲养标准为准。该方法虽然计算繁琐,但条件容易满足,不需要计算机等设备。

举例:用试差法为60～90千克体重瘦肉型生长肥育猪配制一个饲料配方。

第一步:从猪饲养标准的瘦肉型生长肥育猪每千克饲粮养分含量表中查出60～90千克生长肥育猪的营养需要量,列于表3-2。

表3-2　60～90千克生长肥育猪的营养需要量

60～90千克生长肥育猪	消化能(兆焦)	粗蛋白质(%)	钙(%)	磷(%)	食盐(%)
每千克饲粮中	13.39	14.5	0.49	0.43	0.10

第二步:确定所选用的饲料,并从饲料营养成分表中查出有关饲料所含的营养成分,见表3-3。

表 3-3　有关饲料所含的营养成分

饲　料	消化能(兆焦)	粗蛋白质(%)	钙(%)	磷(%)
玉　米	14.35	8.5	0.02	0.21
高　粱	13.98	8.5	0.09	0.36
小麦麸	10.59	13.5	0.22	1.09
豆　饼	13.64	41.6	0.32	0.50
菜籽饼	11.59	37.4	0.61	0.95
玉米秸粉	2.30	3.3	0.67	0.23
贝壳粉	—	—	32.60	—

第三步:根据表 3-1 中所提供的数据,确定各饲料的配合比例,并进行初算,见表 3-4。

表 3-4　确定各饲料的配合比例,并进行初算

饲　料	配比(%)	消化能(兆焦)	粗蛋白质(%)	钙(%)	磷(%)	食盐(%)
玉　米	55	55% × 14.35 =7.8931	55%×8.5 =4.675	55%×0.02 =0.011	55%×0.21 =0.1155	—
高　粱	15	15% × 13.98 =2.097	15%×8.5 =1.275	15%×0.09 =0.0135	15%×0.36 =0.054	—
小麦麸	11	11% × 10.59 =1.1649	11%×13.5 =1.485	11%×0.22 =0.0242	11%×1.09 =0.1199	—
豆　饼	8.4	8.4% × 13.64 =1.1458	8.4%×41.6 =3.4944	8.4%×0.32 =0.02688	8.4%×0.5 =0.042	—
菜籽饼	5	5%×11.59 =0.5795	5%×37.4 =1.87	5%×0.61 =0.0305	5%×0.95 =0.0475	—
玉米秸粉	4.5	4.5%×2.3 =0.1035	4.5%×3.3 =0.1486	4.5%×0.67 =0.0302	4.5%×0.23 =0.0104	—
贝壳粉	1	—	—	1%×32.6 =0.326	—	—

续表 3-4

饲 料	配比(%)	消化能(兆焦)	粗蛋白质(%)	钙(%)	磷(%)	食盐(%)
食 盐	0.1	—	—	—	—	0.1
合 计	100	12.9802	12.9479	0.4623	0.3893	0.1
标 准		13.39	14.5	0.49	0.43	0.1
与标准差		−0.4098	−1.7185	−0.029	−0.0427	0
与标准比		−3.06%	−10.70%	−0.2%	−9.5%	0

第四步:平衡饲粮中的消化能、粗蛋白质和钙磷等。要求和标准比不超过5%,即不能大于5%,也不能少于5%。

从上表可以看出,消化能、钙和食盐均能满足需要。逐步调整,增加豆饼的量,减少其他饲料的量,最终使各养分与标准比控制在正常范围内。经调整,各饲料的最终配比如表 3-5。

表 3-5 饲料配方及满足的营养需要

饲 料	配比(%)	消化能(兆焦)	粗蛋白质(%)	钙(%)	磷(%)	食盐(%)
玉 米	50	7.175	4.25	0.01	0.105	—
高 粱	15	2.0970	1.275	0.0135	0.054	—
小麦麸	11	1.1649	1.485	0.0242	0.1199	—
豆 饼	13	1.7732	5.408	0.0416	0.065	—
菜籽饼	5	0.5785	1.87	0.0305	0.0475	—
玉米秸粉	4.9	0.1177	0.1617	0.03283	0.01127	—
贝壳粉	1	—	—	0.326	—	—
食 盐	0.1	—	—	—	—	0.1
合 计	100	12.9063	14.4497	0.47863	0.41267	0.1
标 准		13.39	14.5	0.49	0.43	0.1
与标准差		−0.4837	−0.0503	−0.01137	−0.01733	0
与标准比		−3.612	−0.347	−2.32	−4.02	0

注:“+”表示比标准高,“−”表示比标准低

试差法设计配方须注意以下事项。

其一，在能量、粗蛋白质和其他指标调整时，首先应根据各项指标的初算结果与相应项的标准进行比较，再根据偏差的大小，决定是否做调整，一般偏差在5%以内可不做调整；其次再决定欲调整指标的主次。就能量和粗蛋白质两项指标而言，通常以调准粗蛋白质为准，而对能量指标则要求其偏差在许可的范围内即可。

其二，钙、磷补充时应考虑预混料中所含的钙、磷量，不足需补充时先补充磷，再补充钙。因单一补磷的原料少而价格昂贵，应先选用既补磷又补钙的原料，如磷酸氢钙、骨粉等。

（二）四边形法

四边形法，又称四角法、交叉法。适合于饲料种类不多及考虑营养指标比较少的情况。当饲料种类和营养指标项目较多时，计算就要反复进行两两组合，且不容易使配合饲料同时满足多项营养指标，一般不采用这种方法。具体方法如下。

第一步：划一方框，并把选定的营养素需要标准数据放在方框内两对角的交叉点上。

第二步：在方框左边两角外侧分别写上两种饲料的相应含量。

第三步：对角线交叉点上的数与左边角外侧的数相减（大数减小数），减后的结果数写在相应对角线的另一角外侧。

第四步：将右边两角外侧的数相加后分别去除这两个角外侧的数，结果便是对应于左边角外侧数据代表饲料的配合比例。

1. 2种饲料原料的配比 以玉米、豆饼为主要原料给体重20～35千克的瘦肉型生长肥育猪配制饲料。

第一步：确定饲养标准和原料营养成分数值。

查瘦肉型生长肥育猪饲养标准，知20～35千克生长猪要求饲料的粗蛋白质水平为17.8%，查饲料成分及营养价值表可知玉米的粗蛋白质含量为8.5%，豆饼的粗蛋白质为44%。

第二步：画四边形。

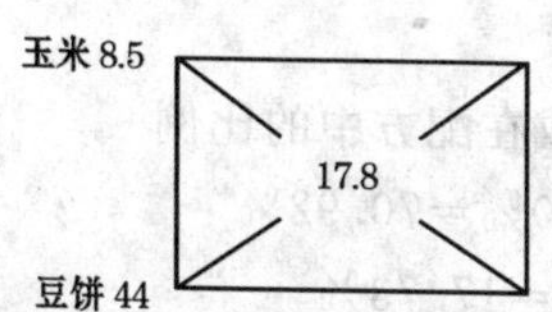

第三步：折算成百分比。上面各差数分别除以两差数的和，就得到两种饲料混合的配合比。

玉米：26.2÷(26.2+9.3)×100%=73.8%

豆饼：9.3÷(26.2+9.3)×100%=26.2%

所以 20～35 千克体重生长猪的混合饲料由 73.8%的玉米和 26.2%的豆饼组成。

2. 3 种以上饲料原料的配比

举例：以满足粗蛋白质 13%的需要为准，用玉米、麦麸、菜籽饼设计 1 个 60～90 千克肥育猪的日粮配方。

第一步：饲料分组。

把玉米和麦麸分为一组，菜籽饼为一组。

第二步：确定组内饲料配比。

玉米和麦麸按 4∶1 配合（根据麦麸在日粮中以不超过 20%为宜），玉米粗蛋白质含量为 9%，麦麸为 13%，玉米、麦麸以 4∶1 结合后的粗蛋白质%：

(0.09×4+0.13×1)÷(4+1)=0.098，即 9.8%

第三步：计算组间配合比例。

按(1)的方法算两组饲料的配合比例。

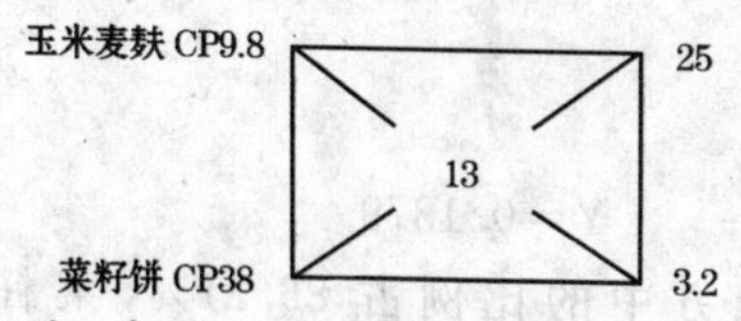

玉米、麦麸：25÷(25+3.2)×100%=88.65%

菜籽饼：3.2÷(25+3.2)×100%=11.35%

第四步：组内饲料配比分配。

把玉米、麦麸 4∶1 的配合比换成在配方中的比例

玉米=0.8865÷(4+1)×4×100%=70.92%

麦麸=0.8865÷(4+1)×100%=17.73%

最后配方比例		主要营养指标
玉米	70.92%	
麦麸	17.73%	粗蛋白质 13%
菜籽饼	11.35%	

(三)联列方程法

这种方法是利用数学上联立方程求解法来计算饲料配方，原则上同四边形法，在给定部分饲料后(除能量饲料和蛋白质饲料)，将所差能量和蛋白质指标作为目标，根据两种不同性质的单一饲料或混合饲料的能量和蛋白质含量分别建立方程式构成联立方程组，求解出满足欠缺指标量应给予的各种饲料原料数量。

举例：用玉米，菜籽饼配合 60～90 千克肥育猪日粮。

第一步：我们选粗蛋白质作为配合标准。60～90 千克阶段猪的粗蛋白质需要选定为 13%。

第二步：所用饲料中，玉米粗蛋白质为 9%，菜籽饼粗蛋白质为 38%。

第三步：列出二元一次方程组。

设玉米在配方中的比例为 X，菜籽饼在配方中的比例为 Y。

则：$\begin{cases} 9X+38Y=13 \\ X+Y=1 \end{cases}$

解出结果：X=0.8621；　　Y=0.1379

结果表明：玉米在配方中的比例占 86.21%，菜籽饼占 13.79%。

六、现有配方的检查与调整

有关书籍或资料中现有的饲料配方通常称为典型饲料配方，是由科研机构或畜牧生产场家经过反复试验、调整或经长期生产实践的检验多次修订而成的。在原料品种搭配及其配合比例等方面较为合理。在某一特定的饲养管理条件下，基本符合某一特定的猪群的营养需要。饲喂效果好，饲料效率高，可获得比较满意的经济效益。其适用性强，尤其适合本地区的饲料来源，原料的配合比例均在较适宜的范围内，参照典型饲料配方选择原料可避免盲目性。

但是，再好的饲粮配方也有局限性，不能照抄照搬。这是因为，即使是同种饲料原料，也会因为品种、来源、加工工艺等的不同，其养分含量有一定的差异。例如，同是进口鱼粉，粗蛋白质含量有的高达60％以上，有的低到50％以下；同是豆饼，机榨和土榨的粗蛋白质含量不同。饲料水分含量越高，营养成分的含量越低。

所以，现有饲料配方对于借鉴者只是一个参考，使用前需要对其营养含量进行复核，并通过重新调整主要原料的比例而达到营养指标的满足。

七、高温低温季节的饲料配方设计

每超过临界温度（成年猪为18℃～20℃）1℃，猪的消化能采食量下降0.017％，环境温度变化时能量需要量的变化可用下式计算：

DEHc（千焦消化能/日）＝1.364W＋98.95（Tc－T）

式中：DEHc为因环境温度变化而应增减的消化能，

W为体重（千克），

Tc为临界温度，

T 为实际环境温度。

例如,35 千克体重猪在正常温度 18℃下消化能的需要量为 27 000千焦耳/日,采食量 1.9 千克,每千克料应含消化能 14 211 千焦耳。若环境温度降低到 5℃,采食量增加到 2.3 千克。则 35 千克体重猪的消化能需要量增加 1334 千焦耳[1.364×35+98.95×(18−5)],成为 28 334 千焦耳,每千克饲料应含的消化能为12 319千焦耳,低于原来的浓度。其他养分需要量受温度尤其是寒冷的影响少,当采食量增加时,可适当降低在饲粮中的浓度,使实际摄入量与标准相符合或略有提高。另外,在高温条件下,还应添加一些抗热应激的药物。常用的有:维生素 C 100～500 毫克/千克,碳酸氢钠 0.5%,氯化铵 0.3%～1%,氯化钙 0.5%～1%。

八、猪配合饲料配方实例

(一)仔 猪 料

仔猪料一般指哺乳期仔猪从开食至断奶后 2 周左右所用的配合饲料。哺乳期仔猪的补料时间一般在出生后 7～10 天开始,通过给仔猪提早补料可以促进其消化器官的发育和消化功能的完善,使仔猪的消化器官逐渐适应植物性饲料并减轻母猪的泌乳负担,为断奶后的饲养打下良好的基础。仔猪料应是高营养水平的全价饲料,配合饲料时需要良好的加工工艺,粉碎要细、搅拌均匀,最好制成经膨化处理的颗粒饲料。有些地方还为早期断奶猪提供人工乳和专门的诱食料。仔猪料除了应含有全面平衡的养分外,还应满足以下要求。

其一,诱食。为使仔猪能及早吃料,应在料中加诱食剂。仔猪爱吃带奶香和甜味的饲料,可添加香味剂和甜味剂。

其二,易消化。由于仔猪的消化道没有发育成熟,胃酸和消化酶的分泌都不足，饲料中最好能添加酸化剂和酶制剂等。一些饲料原料，如大豆、饼粕等，若能经膨化处理，既易消化，又带香味，效果较好。酸化剂中，以柠檬酸效果较好，但适口性差，用量不宜超过2%。

其三，防病促生长。仔猪由于对饲料的消化能力差，很容易因消化不良而导致腹泻。有些饲料原料（如豆粕）中有过敏原，能使仔猪肠道因过敏而发生病灶，引起腹泻，在混合饲料中的用量不宜超过20%。仔猪的免疫系统没有发育完善，抵御病菌和不良条件的能力差，也容易发生各种疾病和腹泻。故一般仔猪料中都添加抑菌促生长剂。

1. 仔猪人工乳配方　见表3-6。

表3-6　仔猪人工乳配方

饲料原料	1	2	3	4	5
牛乳（毫升）	1000	1000	1000	1000	1000
全脂奶粉（克）	50	50	100	200	—
鸡蛋（克）	50	50	50	50	15
酵母（克）	1.0	—	—	—	—
干酪素（克）	15	—	—	—	—
猪油（克）	5	—	—	—	—
葡萄糖（克）	20	20	20	20	15
1%的硫酸亚铁溶液（毫升）	5	5	5	5	10
维生素溶液（毫升）	5	5	5	5	5
鱼肝油（毫升）	—	—	—	—	1
干物质（克）	—	19.6	23.4	24.7	—
营养水平					
消化能（兆焦/千克）	—	4.48	4.77	5.19	—
粗蛋白质（%）	—	56.0	62.6	62.3	—

以上配方的配制方法是：先将牛乳、葡萄糖、硫酸亚铁溶液、猪油、全脂奶粉加入250毫升的冷开水中煮沸，冷却至50℃以下，再加入鱼肝油、干酪素、酵母、鸡蛋、维生素、充分打碎和搅匀，待温度降低至37℃即可使用。人工乳一般可以从仔猪出生后10天开始喂，开始时白天每小时喂给40毫升，夜间每2小时喂给40毫升；经过5天后，白天每3小时喂250毫升，夜间每4小时喂250毫升；经过22天后，不分昼夜每4小时喂500毫升，直至断奶，并训练仔猪早期补饲。

2. 早期断奶仔猪料配方 见表3-7。

表3-7 早期断奶仔猪料配方

项　目	早期断奶期	过渡期	第二期	第三期
仔猪体重(千克)	2.2～5.0	5.0～7.0	7.0～11.0	11.0～23.0
持续时间	1周	1周	2周	3周
赖氨酸(%)	1.6～1.8	1.5～1.6	1.35～1.45	1.25～1.35
可消化赖氨酸(%)	1.4～1.5	1.25～1.35	1.10～1.20	1.05～1.15
蛋氨酸(%)	0.48～0.50	0.42～0.44	0.37～0.40	0.34～0.37
乳糖(%)	18～25	15～20	10	0
乳清粉(%)	15～30	10～20	10～20	0
猪血浆蛋白粉(%)	6～10	2～3	0	0
喷雾干燥血粉(%)	1～2	2～3	0	0
鱼粉(%)	3～6	3～5	0～5	0
豆粕(%)	10～15	20～30	按需要添加	按需要添加
油(%)	5～6	3～5	0～5	0
其他能源	玉米	玉米	玉米	玉米

3. 哺乳仔猪料配方 见表3-8，表3-9。

表3-8 哺乳仔猪(体重1～5千克)料配方

饲 料	配合比例(%)				
	1	2	3	4	5
玉 米	9.0	10.5	11	43.0	21.2
高 粱	6.0	—	6.0	—	—
小 麦	—	—	18.0	—	—
小麦粉	18.0	18.0	—	—	—
干草粉	—	6.0	—	—	10.0
炒大豆粉	—	—	—	10.0	—
豆 饼	16.0	16.0	16.0	25.0	20.0
全脂奶粉	30.0	30.0	30.0	—	30.0
砂 糖	3.5	3.5	3.5	5.0	3.5
鱼 粉	12.0	12.0	12.0	12.0	10.0
酵母粉	3.5	3.0	3.0	4.0	3.0
胃蛋白酶	0.3	0.3	0.3	0.1	0.3
淀粉酶	0.2	0.2	0.2	—	0.2
贝壳粉	1.5	—	—	—	—
骨 粉	—	—	—	0.4	—
乳酶生	—	—	—	0.5	1.5
食 盐	—	—	—	—	0.3
碳酸钙	—	0.5	—	—	—
合 计	100	100	100	100	100
			营养水平		
消化能(兆焦/千克)	15.15	14.55	15.60	14.87	14.46
粗蛋白质(%)	23.2	23.3	25.0	25.2	24.3
钙(%)	1.56	1.65	1.04	—	1.12
磷(%)	0.54	0.54	0.77	—	0.70
赖氨酸(%)	1.39	1.39	1.80	—	1.52
蛋氨酸+胱氨酸(%)	0.62	0.62	0.97	—	0.63

表 3-9　哺乳仔猪(体重 5～10 千克)料配方

饲　料	配合比例(%)				
	1	2	3	4	5
玉　米	43.5	51.0	39.0	46.0	58.0
高　粱	10.0	10.0	5.0	18.0	—
小　麦	—	—	18.0	—	—
干草粉	—	—	—	—	1.0
小麦麸	5.0	—	—	—	5.0
槐叶粉	—	—	2.0	—	—
炒大豆粉	—	—	6.0	—	—
豆　饼	20.0	20.0	15.0	27.8	26.0
脱脂奶粉	10.0	—	—	—	—
全脂奶粉	—	—	—	—	4.0
砂　糖	—	2.0	—	—	—
鱼　粉	7.0	10.0	10.0	7.4	5.0
酵母粉	1.5	4.0	3.0	—	—
骨　粉	—	—	0.7	0.4	—
碳酸钙	0.6	0.6	—	—	1.0
食　盐	0.4	0.4	0.3	0.4	—
微量元素添加剂	1.0	1.0	1.0	—	—
维生素添加剂	1.0	1.0	—	—	—
合　计	100	100	100	100	100
			营养水平		
消化能(兆焦/千克)	13.60	13.68	13.54	14.44	13.67
粗蛋白质(%)	22.0	21.8	22.6	20.3	20.6
钙(%)	0.79	0.87	0.86	—	0.93
磷(%)	0.62	0.61	0.70	—	0.50
赖氨酸(%)	1.34	1.23	1.3	—	1.17
蛋氨酸＋胱氨酸(%)	0.70	0.68	0.78	—	0.48

4. 断奶仔猪料配方 见表3-10,表3-11。

表3-10 断奶仔猪(体重10～20千克)料配方(一)

饲 料	配合比例(%)					
	1	2	3	4	5	6
玉 米	54.3	58.0	51.0	40.0	36.0	29.7
高 粱	7.8	4.0	—	—	—	—
大 麦	—	—	—	30.0	13.0	35.0
小麦麸	6.0	5.5	10.0	10.0	—	5.0
蚕 豆	—	—	—	—	7.5	—
豌 豆	—	—	—	—	—	8.0
炒黄豆粉	—	—	—	—	10.0	5.0
菜籽饼	—	—	—	—	4.0	—
花生饼	—	—	—	—	15.0	5.0
豆 饼	21.0	21.0	20.0	10.0	10.0	—
干草粉	—	—	10.0	—	—	—
砂 糖	—	—	2.0	—	—	
鱼 粉	8.3	7.5	—	9.0	3.0	10.0
酵母粉	—	1.0	4.0	—	—	
骨 粉	—	0.3	—	1.0	1.0	1.5
磷酸氢钙	—	—	—	—	—	0.5
碳酸钙	0.3	0.2	0.6	—	—	—
食 盐	0.3	0.5	0.4	—	0.5	0.3
微量元素添加剂	1.0	1.0	1.0	—	—	—
维生素添加剂	1.0	1.0	1.0	—	—	—
合 计	100	100	100	100	100	100
			营养水平			
消化能(兆焦/千克)	13.89	13.56	13.68	13.22	12.51	13.39
粗蛋白质(%)	20.0	20.2	21.8	17.9	16.5	20.2
钙(%)	0.63	0.63	0.78	1.12	0.65	0.91
磷(%)	0.58	0.58	0.61	0.78	0.53	0.69
赖氨酸(%)	1.16	1.16	1.23	0.85	0.71	1.11
蛋氨酸＋胱氨酸(%)	0.60	0.59	0.58	0.49	0.36	0.68

表 3-11 断奶仔猪(体重 10～20 千克)料配方(二)

饲 料	配合比例(%)			
	1	2	3	4
玉 米	50.13	51.77	49.90	52.48
小麦麸	6.88	6.02	6.27	7.81
蚕豆(炒)	18.14	—	—	—
豌豆(炒)	—	12.65	19.88	16.77
胡麻饼	10.04	10.04	10.04	10.04
菜籽饼	—	5.02	—	—
鱼 粉	6.02	6.02	6.02	4.02
苜蓿草粉	5.02	5.02	5.02	5.02
炼猪油	1.02	0.67	—	0.58
赖氨酸	0.05	0.12	0.12	0.14
蛋氨酸	—	—	0.01	—
骨 粉	1.95	1.91	2.00	2.40
食 盐	0.3	0.3	0.3	0.3
	营养水平			
消化能(兆焦/千克)	13.39	13.39	13.39	13.39
粗蛋白质(%)	18.0	18.0	18.0	16.5
钙(%)	1.07	1.10	1.10	1.17
磷(%)	0.76	0.76	0.74	0.60
赖氨酸(%)	0.96	0.96	0.96	0.86
蛋氨酸+胱氨酸(%)	0.49	0.50	0.48	0.44

注:每千克饲料中添加饲料用多种维生素 100 克,硫酸亚铁 138 克,硫酸铜 8 克,硫酸锰 2 克,硫酸锌 91 克,碘化钾 331 毫克,氯化钴 124 毫克,亚硒酸钠 207 毫克,喹乙醇 5 克

(二)生长肥育猪料

生长肥育猪需要较多的蛋白质,但随着年龄的增长,蛋白质需要量逐渐减少,能量和蛋白质的比例增加。瘦肉型猪需要较多的赖氨酸。生长肥育猪对于饲料的适应能力较强,可以应用各种价格较低的饲料资源,但对于一些有抗营养因子的饲料需控制用量,以免发生危害。

1. 20～35千克体重生长肥育猪的饲料配方 见表3-12和表3-13。

表3-12 20～35千克体重生长肥育猪的饲料配方 (无鱼粉)

饲 料	配合比例(%)					
	1	2	3	4	5	6
玉 米	64.5	43	35	44.0	25	48.6
高 粱	5.0	5.0	20	10.0	—	—
米 糠	—	8.5	—	—	—	—
麸 皮	5.0	10	20	15.0	30	15
次 粉	—	—	—	—	10	—
细稻糠	—	—	—	—	—	15
草 粉	—	2.0	—	5.8	—	—
黑 豆	—	20.0	—	—	—	—
豆 饼	22.0	—	23	—	—	15
胡麻饼	—	—	—	10.0	—	—
菜籽饼	—	—	—	7.7	15	—
棉籽饼	—	—	—	—	13	—
向日葵饼	2.0	10.0	—	—	—	—
酵母粉	—	—	—	—	—	5
蚕蛹粉	—	—	—	—	5	—

续表 3-12

饲料	配合比例(%)					
	1	2	3	4	5	6
血粉	—	—	—	5.0	—	—
骨粉	1.0	1.0	—	—	—	—
碳酸钙	—	—	—	—	1.0	0.8
添加剂	—	—	1.5	2.0	0.5	0.2
食盐	0.5	0.5	0.5	0.5	0.5	0.4
	营养水平					
消化能(兆焦/千克)	13.31	13.43	12.76	12.18	13.05	12.93
粗蛋白质(%)	16.6	17.3	17.5	17.3	18.6	16.1
粗纤维(%)	3.3	5.7	3.9	6.5	6.6	4.5
钙(%)	0.74	0.46	0.75	0.13	0.57	0.59
磷(%)	0.52	0.58	0.44	0.40	0.60	0.56
赖氨酸(%)	0.86	0.82	0.81	0.73	0.77	0.75
蛋氨酸+胱氨酸(%)	0.64	0.56	0.40	0.43	0.64	0.59

以上配方选用了一些农副产品，用饼粕类调整粗蛋白质含量，可以因地制宜，设计简单，生产方便。配方 4 以胡麻饼和菜籽饼代替全部豆饼作为主要蛋白质饲料。菜籽饼是喂猪的好饲料，但含有抗营养因子，饲喂过多容易造成中毒，从而限制了菜籽饼的使用，又以胡麻饼来补充蛋白质饲料的不足。用这些蛋白质饲料可以解决豆饼不足的现状，是我国西北地区的典型饲料配方。

表 3-13 20～35千克体重生长肥育猪的饲料配方 (有鱼粉)

饲 料	配合比例(%)					
	1	2	3	4	5	6
玉 米	60	27.3	10	20	15.7	53
大 麦	—	28.2	10	25	20	
高 粱	—	—	—	—	—	10
荞 麦	—	—	23	—	—	—
糜 子	—	—	10	—	—	—
米 糠	—	—		12	29	—
麸 皮	20.5	—	5.0	30	15	12
次 粉	—	19.7	—	—	—	—
草 粉	—	—	3.0	—	—	—
豌 豆	—	—	20	—	—	—
豆 饼	12	17.5	—	—	—	18.5
胡麻饼	—	—	15	—	—	—
菜籽饼	—	—	—	6.0	5.0	
花生饼	—	—	—	3.0	—	—
棉籽饼	—	—	—	—	10	—
鱼 粉	6.0	5.8	3.0	3.0	3.0	5.0
骨 粉	—	0.5	0.5	—	—	1.0
贝壳粉	—	0.5	—	—	—	—
石 粉	1.0	—	—	—	—	—
添加剂	—	—	—	0.5	2.0	—
食 盐	0.5	0.5	0.5	0.5	0.3	0.5
			营养水平			
消化能(兆焦/千克)	13.10	12.72	12.13	11.09	11.13	13.81
粗蛋白质(%)	16.1	18	18.1	12.5	15.6	18
粗纤维(%)	3.7	3.4	5.9	6.3	0.28	3.2
钙(%)	0.66	0.71	0.45	0.2	9	0.74
磷(%)	0.48	0.62	0.54	0.57	0.73	0.57
赖氨酸(%)	0.83	0.96	0.86	0.56	0.61	1.02
蛋氨酸＋胱氨酸(%)	0.68	0.47	0.51	0.56	0.6	0.53

用鱼粉做动物性蛋白质饲料，限制性氨基酸组成好，营养价值高，猪的肉质好。配方4使用了花生饼，花生饼是优良的蛋白质饲料，饲用价值仅次于豆饼，如与动物性蛋白质饲料配合，效果更好。因花生饼中赖氨酸和蛋氨酸含量不足，不能满足猪的需要，采用鱼粉可以补充这一不足。

2. 35～60千克体重生长肥育猪的饲料配方 见表3-14和表3-15。

表3-14 35～60千克体重生长肥育猪的饲料配方 （无鱼粉）

饲 料	配合比例(%)					
	1	2	3	4	5	6
玉 米	21	25.5	50	59.3	40	55
大 麦	24.5	—	—	—	—	—
高 粱	—	—	—	—	20	—
稻谷粉	25	—	—	—	—	—
米 糠	—	—	—	6.8	—	—
麸 皮	—	—	6.5	20	—	12
次 粉	—	63	10		20.5	
蚕豆壳粉	8.0	—	—	—	—	—
豌 豆	—	—	3.0	—	—	—
豆 饼	—	6.0	—	12.4	8.5	—
菜籽饼	10	—	12	—	10	—
棉籽饼	10	2.0	—	—	—	—
向日葵饼	—	—	—	—	—	15
玉米胚芽饼	—	—	—	—	—	15
米糠饼	—	—	10	—	—	—
蚕蛹粉	—	—	5.0	—	—	—
血 粉	—	—	2.0	—	—	—

续表 3-14

饲　料	配合比例(%)					
	1	2	3	4	5	6
骨　粉	—	—	—		0.1	
贝壳粉	—	—	—	1.2	0.6	1.5
石　粉	1.0	1.0	1.0	—	—	—
添加剂	—	2.0	—	—	—	1.0
食　盐	0.5	0.5	0.5	0.3	0.3	0.5
	营养水平					
消化能(兆焦/千克)	11.76	13.81	13.56	12.51	13.05	12.72
粗蛋白质(%)	14.1	15	15.5	13.3	14.1	14
粗纤维(%)	6.5	1.6	4.6	5.4	3.0	5.1
钙(%)	0.61	0.47	0.66	0.51	0.41	0.61
磷(%)	0.37	0.20	0.46	0.43	0.53	0.55
赖氨酸(%)	0.51	0.41	0.66	0.61	0.8	0.65
蛋氨酸+胱氨酸(%)	0.4	0.37	0.49	0.61	0.56	0.63

表 3-15　35～60 千克体重生长肥育猪的饲料配方　(有鱼粉)

饲　料	配合比例(%)					
	1	2	3	4	5	6
玉　米	34.5	30	19.5	67.5	34.0	42
大　麦	40	—	19	—	12	5.0
青　稞	—	27	—	—	—	—
稻谷粉	—	—	10	—	—	—
米　糠	—	—	—	—	10	6.5
麸　皮	5.0	24	28	5.5	20	15
槐叶粉	3.0	—	—	—	—	—

续表 3-15

饲　料	配合比例(%)					
	1	2	3	4	5	6
草　粉	—	3.0	—	2.5	3.7	—
次　粉	—	—	—	—	—	23
豌　豆	—	8.0	—	—	—	—
豆　饼	13	—	—	2.4	16	7.0
胡麻饼	—	5.0	—	—	—	—
菜籽饼	—	—	10	—	—	—
棉籽饼	—	—	10	8.0	—	—
向日葵饼	—	—	—	5.1	—	—
单细胞蛋白粉	—	—	—	6.5	—	—
鱼　粉	4.0	1.0	1.0	1.0	3.0	—
蚕蛹粉	—	—	1.0	—	—	—
骨　粉	—	—	—	1.0	—	0.3
贝壳粉	—	—	—	—	—	0.7
石　粉	—	1.0	1.0	—	0.8	—
添加剂	—	0.5	—	—	—	—
食　盐	0.5	0.5	0.5	0.5	0.5	0.5
	营养水平					
消化能(兆焦/千克)	13.14	13.93	13.22	13.18	12.59	12.84
粗蛋白质(%)	16.3	14.8	16.8	15.7	15.3	15.8
粗纤维(%)	4.7	4.5	6.7	3.3	4.3	4.9
钙(%)	0.58	0.53	0.56	1.21	0.52	0.43
磷(%)	0.37	0.48	0.5	0.47	0.64	0.47
赖氨酸(%)	0.82	0.61	0.6	0.6	0.82	0.68
蛋氨酸+胱氨酸(%)	0.43	0.41	0.57	0.48	0.53	0.47

在表3-15中，配方1是以玉米、大麦、麸皮、槐叶粉、豆饼、鱼粉为主组成的配合饲料，是华北地区常见的饲料，槐叶粉可用豆科草粉代替。配方2适合于甘肃、青海等地区使用。配方3以玉米、大麦、稻谷粉、麸皮、棉籽饼、菜籽饼、鱼粉构成配合饲料，是华中地区常见饲料配方，其中还可以加次粉、米糠等饲料。配方4加了一种新型蛋白质饲料，单细胞蛋白粉，可以缓解豆饼等常规饲料的不足。

3. 60～90千克体重生长肥育猪的饲料配方 见表3-16和表3-17。

表3-16 60～90千克体重生长肥育猪的饲料配方 （无鱼粉）

饲 料	配合比例(%)					
	1	2	3	4	5	6
玉 米	13	34	49.9	47	44	10
大 麦	44	10	—	—	—	31
荞 麦	—	10	—	—	—	15
高 粱	—	—	—	—	12	—
稻谷粉	—	—	15	25	—	11
米 糠	—	—	—	—	13	4.0
麸 皮	21	28	8.0	—	10	15
次 粉	—	—	10	13	—	—
草 粉	—	—	—	—	15	—
豌 豆	—	—	—	—	2.0	—
豆 饼	—	—	15	8.0	—	—
菜籽饼	5.0	8.0	—	—	—	6.0
棉籽饼	10	5.0		5.0	—	6.0
向日葵饼	—	—	—	—	2.0	—
米糠饼	5.0	3.0	—	—	—	—
骨 粉	—	—	0.4	—	—	—

续表 3-16

饲 料	配合比例(%)					
	1	2	3	4	5	6
贝壳粉	—	—	0.9	—	—	—
石 粉	1.0	1.0	—	1.0	1.0	1.0
添加剂	0.5	0.5	0.5	0.5	0.5	0.5
食 盐	0.5	0.5	0.3	0.5	0.5	0.5
			营养水平			
消化能(兆焦/千克)	11.88	12.64	12.76	12.97	12.09	11.76
粗蛋白质(%)	14.5	14.8	13.8	13	15.4	14
粗纤维(%)	6.2	5.6	4.6	4.1	5.2	7.8
钙(%)	0.61	0.61	0.68	0.46	0.51	0.53
磷(%)	0.68	0.68	0.5	0.3	0.42	0.46
赖氨酸(%)	0.53	0.44	0.6	0.48	0.38	0.49
蛋氨酸+胱氨酸(%)	0.5	0.45	0.41	0.32	0.37	0.45

在表 3-16 中,配方 3～4 选用稻谷做能量饲料,稻谷的粗蛋白质含量近似玉米,粗纤维含量偏高。目前,我国南方用稻谷做猪饲料的较多。

表 3-17　60～90 千克体重生长肥育猪的饲料配方　(有鱼粉)

饲 料	配合比例(%)					
	1	2	3	4	5	6
玉 米	20	39	15	54.5	38	—
大 麦	20	—	10	—	31	22.2
小 麦	—	—	—	—	7.5	—
荞 麦	—	—	22	—	—	—
糜 子	—	—	—	—	—	—
高 粱	—	23		12.5	—	—

续表 3-17

饲料	配合比例(%)					
	1	2	3	4	5	6
稻谷粉	—	—	—	—	—	23.3
米 糠	22	10	—	—	—	—
麸 皮	22.5	5.0	20	15.5	11	15
酱油渣	—	5.0	—	—	—	
甜菜渣	—	—	—	—	—	10
木薯粉	—	—	—	—	—	2.0
草 粉	—	5.0	11	—	—	—
槐叶粉	—	—	—	6.0	—	—
豌 豆	—	—	10	—	—	6.0
豆 饼	—	6.0	—	8.0	3.0	—
花生饼	8.5	—	—	—	—	6.0
胡麻饼	—	—	8.0	—	—	8
棉籽饼	—	—	—	—	5.0	—
鱼 粉	5.5	5.5	3.0	2.5	3.0	5.0
骨 粉	—	—	0.5	0.7	—	—
石 粉	1.0	0.5	—	—	1.0	2.0
添加剂	—	0.5	—	—	—	—
食 盐	0.5	0.5	0.5	0.3	0.5	0.5
	营养水平					
消化能(兆焦/千克)	12.59	12.34	12.26	12.8	12.72	12.8
粗蛋白质(%)	15	13	15.9	13	13.3	13.2
粗纤维(%)	6.1	3.2	7.0	3.7	5.1	5.2
钙(%)	0.69	0.51	0.46	0.64	0.5	0.5
磷(%)	0.73	0.49	0.6	0.58	0.41	0.46
赖氨酸(%)	0.68	0.58	0.82	0.67	0.57	0.53
蛋氨酸+胱氨酸(%)	0.62	0.33	0.54	0.47	0.65	0.58

(三)后备猪料

留做种用的猪,从断奶至进入配种繁殖阶段之前的生长期称后备猪。后备猪虽然是生长猪,但与生长肥育猪的饲养目的不同。肥育猪生长到体重 90 千克左右,完成了整个饲养过程,而后备猪生长到体重 90 千克,则是生产繁殖的开始。

后备猪应喂以营养全面的优质饲料,才能使后备母猪尽早受孕,后备公猪发育良好。有些初产母猪产仔少,哺乳期仔猪死亡率高,原因不一定是妊娠期和哺乳期的日粮有问题,往往是因为生长期间的营养有缺陷所致。如后备母猪生长期营养不良,即使育成后再喂优质饲料也难以哺育既多又壮的仔猪。因此,饲养后备猪与肥育猪的不同点是,既要防止生长过快过肥,又要防止生长过慢和发育不良。防止后备猪生长过快过慢的方法,主要是控制其营养水平。体重 50 千克以前的后备猪可以同肥育猪饲喂量,体重 50 千克以后应少于肥育猪的饲喂量,使其降低增重速度。

后备母猪培育期和肥育猪日粮相比,应含有较高的钙和磷,使其骨骼中矿物质沉积量达到最大,从而延长母猪的繁殖寿命。

后备母猪营养需要与肥育猪不同的是对维生素和矿物质的需要量显著提高。这不仅是正常的生长发育阶段所不可少的,也是为进入繁殖期正常发情和受孕作必要的准备。为满足对维生素和矿物质的需要,应多喂青绿饲料。后备公猪不能喂太多的青绿饲料,以防肚子大不利于配种。

1. 后备母猪的饲料配方 见表 3-18。

表 3-18　后备母猪饲料配方

饲　料	配合比例(%)				
	1	2	3	4	5
玉　米	2.0	7.0	60.0	40.0	40.0
蚕　豆	—	—	—	10.0	12.0
黄　豆	—	—	—	5.0	—
次　粉	41.0	36.5	—	—	—
麸　皮	30.0	31.0	10.0	18.0	25.0
秣食豆草粉	—	—	3.0	—	—
统　糠	14.4	13.6	—	10.0	11.0
豆　饼	4.0	3.5	25.0	—	—
菜籽饼	—	—	—	15.0	10.0
鱼　粉	8.0	8.0	—	—	—
贝壳粉	0.5	0.3	1.5	—	—
骨　粉	—	—	—	1.0	1.0
添加剂	—	—	—	0.5	0.5
食　盐	0.1	0.1	0.5	0.5	0.5
合　计	100	100	100	100	100
	营养水平				
消化能(兆焦/千克)	11.30	11.42	12.97	11.55	11.25
粗蛋白质(%)	16.60	16.40	14.80	14.60	13.40
钙(%)	0.77	0.68	0.63	0.59	0.61
磷(%)	0.67	0.63	0.38	0.36	0.34
赖氨酸(%)	0.74	0.85	0.82	0.73	0.63
蛋氨酸+胱氨酸(%)	0.55	0.55	0.38	0.65	0.63

2. 后备公猪的饲料配方 见表3-19。

表3-19 后备公猪饲料配方

饲 料	配合比例(%)				
	1	2	3	4	5
玉 米	45.0	40.0	63.0	60.0	65.0
大 麦	26.0	33.0	—	—	—
麸 皮	8.0	7.0	10.0	10.0	15.0
豆 饼	—	—	21.0	25.0	15.0
葵花籽饼	10.0	10.0	—	—	—
秣食豆草粉	—	—	—	3.0	3.0
草 粉	5.0	2.0	4.0	—	—
鱼 粉	6.0	8.0	—	—	—
赖氨酸	—	—	—	—	0.2
蛋氨酸	—	—	—	—	0.1
贝壳粉	—	—	1.5	1.5	1.2
食 盐	—	—	0.5	0.5	0.5
合 计	100	100	100	100	100
	营养水平				
消化能(兆焦/千克)	12.46	12.84	12.97	12.97	12.89
粗蛋白质(%)	15.1	16.2	16.0	16.8	14.0
粗纤维(%)	6.1	5.5	2.6	3.5	3.6
钙(%)	0.94	1.01	0.67	0.63	0.6
磷(%)	0.77	0.82	0.41	0.38	0.38
赖氨酸(%)	0.67	0.74	0.88	0.82	0.84
蛋氨酸(%)	0.36	0.38	0.13	0.19	0.19
胱氨酸(%)	0.21	0.22	0.16	0.19	0.16

(四)母 猪 料

母猪妊娠后,内分泌的活动增强,物质和能量代谢率提高,对营养物质的利用率显著提高。体内的营养积蓄也比妊娠前为多。对妊娠后期的母猪应特别注意粗蛋白质和矿物质的供给,以满足胎儿的需要。

母猪营养充足对实现最大生产能力和经济效益至关重要。母猪的营养需要得不到满足会导致产仔数减少,仔猪初生体重减轻,存活力降低,母猪产奶量降低,断奶到配种间隔时间延长,受胎率降低,缩短母猪繁殖寿命。

无论初产或经产的母猪,妊娠的全程的日喂料要看母猪的体况而定,做到既不肥也不瘦,膘情适中而健康。临产前几天要减少喂量,分娩前 10～12 小时最好不要喂料,但要充足供给饮水。冷天的饮水要加温。分娩后的当天,可喂给母猪饲料 0.9～1.4 千克,然后逐渐增加喂量,5 天后达到全量。

母猪在泌乳期的日粮需要量要大大超过妊娠期。这是因为,母猪只有吃够相适应的饲料,才能提供大量泌乳所需的营养物质。母猪带仔如少于 6 头,应限制饲喂,而带 8 头以上仔猪的母猪,只要不显得太肥,就不必限量,以尽可能提高泌乳量。

1. 妊娠母猪的饲料配方　见表 3-20。

表 3-20　妊娠母猪饲料配方

饲　料	配合比例(%)						
	1	2	3	4	5	6	7
玉　米	40.0	44.1	36.7	30.8	58.5	39.3	38.97
大　麦	10.0	27.3	28.0	28.0	—	—	—
小麦麸	17.0	6.9	8.0	5.0	7.0	8.06	14.02
豆　饼	11.0	5.9	5.0	4.0	17.0	2.48	7.01

续表 3-20

饲　料	配合比例(%)						
	1	2	3	4	5	6	7
鱼　粉	6.0	5.9	6.0	—	—	—	—
干草粉	14.5	7.8	7.0	24.0	15.0	—	—
花生饼	—	—	7.0	6.0	—	—	—
高　粱	—	—	—	—	—	6.82	3.51
葵花籽饼	—	—	—	—	—	2.48	3.51
青贮玉米	—	—	—	—	—	12.77	10.05
酒精糟	—	—	—	—	—	25.23	19.83
食　盐	0.5	0.5	0.5	0.5	0.5	0.62	0.7
骨　粉	1.0	1.5	1.0	0.7	—	0.62	0.7
贝壳粉	—	—	—	—	1.0	0.62	0.7
多种维生素	—	0.1	0.3	—	—	—	—
微量元素添加剂	—	—	0.5	1.0	1.0	1.0	1.0
合　计	100	100	100	100	100	100	100
	营养水平						
消化能(兆焦/千克)	11.51	12.68	11.83	10.78	13.21	11.83	11.75
粗蛋白质(%)	15.5	15.4	16.20	11.79	13.1	12.65	12.66
钙(%)	0.61	0.84	0.70	0.38	0.66	0.70	0.73
磷(%)	0.58	0.68	0.59	0.49	0.38	0.56	0.61
赖氨酸(%)	0.81	0.80	0.77	0.41	0.76	0.73	0.82
蛋氨酸+胱氨酸(%)	0.65	0.65	0.68	0.20	0.58	1.03	0.99

在表 3-20 中，配方 1 适用于北京黑猪及其杂种猪；配方 2 适用于杜洛克猪；配方 3 营养水平较高，适用于妊娠后期的母猪；配方 4 和配方 5 是将妊娠母猪整个阶段按同一标准饲养，其优点是

配料方便，缺点是不能根据母猪妊娠前、后期较大的营养需要量差异调整供给，母猪妊娠后期的营养不能得到较好的满足。因此，在使用时可在母猪临产前 2 个月即转入饲喂哺乳期饲料；配方 6 和配方 7 分别为妊娠前、后期配方，是以玉米、豆饼来平衡养分，尽量选用高粱、葵花籽饼、青贮玉米、酒精糟等杂粮、杂饼和非常规饲料，使用时保证葵花籽饼的粗纤维含量低于 10%，青贮玉米的比例按风干重计算，选用液体发酵酒精糟。

2. 哺乳母猪饲料配方　见表 3-21 至表 3-23。

表 3-21　哺乳母猪饲料配方(一)

饲　料	配合比例(%)				
	1	2	3	4	5
玉　米	59.0	47.5	37.0	60	45.99
大　麦	—	—	32.0	—	—
秣食豆	—	—	—	2.5	—
小麦麸	7.5	30.0	3.0	7.0	11.15
豆　饼	25.0	19.0	5.0	25.5	9.56
鱼　粉	—	—	6.0	—	—
干草粉	5.0	—	7.3	2.5	—
花生饼	—	—	7.0	—	—
高　粱	—	—	—	—	3.98
葵花籽饼	—	—	—	—	5.57
青贮玉米	—	—	—	—	6.85
酒精糟	—	—	—	—	13.50
石　粉	—	—	—	2.0	—
食　盐	0.5	0.5	0.7	0.5	0.8
骨　粉	—	2.0	1.0	—	0.8
贝壳粉	2.0	—	—	—	0.8

续表 3-21

饲　料	配合比例(%)				
	1	2	3	4	5
微量元素添加剂	1.0	1.0	1.0	—	1.0
合　计	100	100	100	100	100
	营养水平				
消化能(兆焦/千克)	12.75	12.29	12.41	13.03	12.09
粗蛋白质(%)	16.6	16.1	15.69	17.2	12.7
钙(%)	0.79	1.21	0.71	0.82	0.75
磷(%)	0.36	0.68	0.66	0.34	0.57
赖氨酸(%)	0.80	0.81	0.77	0.88	0.71
蛋氨酸+胱氨酸(%)	0.37	0.64	0.31	0.67	0.82

在表 3-21 中,配方 1 和配方 2 是由玉米、豆饼等原料配合而成的无鱼粉型哺乳猪全价饲料配方,其能量水平中等,蛋白质含量较高;配方 3 适用于杂种猪,是华北地区常用饲料;配方 4 适用于瘦肉型三江白猪,磷偏低;配方 5 是以玉米、豆饼来平衡养分,尽量选用高粱、葵花籽饼、青贮玉米、酒精糟等杂粮、杂饼和非常规饲料。使用时保证葵花籽饼的粗纤维含量低于 10%,青贮玉米的比例按风干重计算,酒精糟宜选用液体发酵的。

表 3-22　哺乳母猪饲料配方(二)

饲　料	配合比例(%)				
	6	7	8	9	10
玉　米	60.5	61.6	63.7	62.3	63.3
豆　粕	16.3	13.2	11.4	9.2	8.1
麸　皮	19.2	15.3	11.0	16.9	13.0
鱼　粉	—	—	—	2.0	2.0

续表 3-22

饲 料	配合比例(%)				
	6	7	8	9	10
菜籽饼	—	6.0	6.0	6.0	6.0
花生饼	—	—	4.0	—	4.0
石 粉	1.2	1.1	1.1	1.1	1.1
磷酸氢钙	1.5	1.5	1.5	1.2	1.2
食 盐	0.3	0.3	0.3	0.3	0.3
预混料	1.0	1.0	1.0	1.0	1.0
合 计	100	100	100	100	100
			营养水平		
消化能(兆焦/千克)	12.76	12.89	13.06	12.76	13.18
粗蛋白质(%)	14.7	15.05	15.3	14.6	15.2

表 3-23 哺乳母猪饲料配方(三)

饲 料	配合比例(%)					
	11	12	13	14	15	16
玉 米	62.25	61.75	71.75	48.0	61.0	59.6
次 粉	20.0	—	—	—	—	—
麸 皮	—	20.0	—	—	22.0	25.0
大豆粉	14.25	15.0	15.0	30.0	—	—
豆粕(饼)			—	10.0	9.0	6.0
菜籽饼	—	—	—	—	—	4.0
葵籽饼	—	—	—	9.5	2.0	—
苜蓿粉	—	—	10.0	—	—	—
鱼 粉	—	—	—	—	4.0	3.5
骨 粉	—	—	—	2.0	0.6	0.6

续表 3-23

饲 料	配合比例(%)					
	11	12	13	14	15	16
石 粉	1.5	1.5	0.75	—	1.0	0.9
磷酸二钙	1.25	1.0	1.75	—	—	—
食 盐	0.5	0.5	0.5	0.5	0.4	0.4
预混料	0.25	0.25	0.25	—	—	—
合 计	100	100	100	100	100	100
	营养水平					
消化能(兆焦/千克)	14.06	12.8	14.44	12.55	12.59	12.85
粗蛋白质(%)	14.90	15.0	14.60	13.70	14.58	14.20
钙(%)	0.90	0.86	0.85	1.19	0.72	0.71
磷(%)	0.64	0.65	0.61	0.72	0.54	0.59
赖氨酸(%)	0.70	0.70	0.70	0.73	—	—
蛋氨酸(%)+胱氨酸(%)	0.40	0.50	0.52	0.61	—	—

(五)种公猪料

与其他猪群不同的是,种公猪的配方设计要考虑提高种猪的繁殖能力。另外,种公猪要长期饲养,为了防止其过肥,一般要限制喂量,但在配种阶段应给予需要的数量,所以,这类饲料的能量含量不能过高。

种公猪对能量的要求,在非配种期,可在维持需要的基础上提高 20%,配种期可在非配种期的基础上再提高 25%。

种公猪的精液中,干物质含量的变动范围为 3%～10%,蛋白质是精液中干物质的主要成分,日粮中蛋白质的含量与品质,可直接影响到种公猪的射精量和精液品质。因此,必须保证公猪的蛋白质需要。在我国当前的饲料条件下,种公猪日粮中粗蛋白质大致在17%左右,若日粮中蛋白质品质优良,水平可相应降低。

钙磷对种公猪的生长速度、骨骼钙化、四肢的健壮程度、公猪的性欲及爬跨能力有直接的影响。因此,对钙磷的比例不能忽视。矿物质元素锌对精子的形成起主要作用,缺锌可导致间质细胞发育迟缓,降低促黄体素的生成,减少睾丸类固醇的生成。

种公猪对维生素的需要量与母猪相比并不高,但是维生素E和维生素C对种公猪抗应激有重要作用。

种公猪的饲料配方见表3-24。

表3-24 种公猪饲料配方

饲料	配合比例(%)						
	1	2	3	4	5	6	7
玉米	28.9	43.0	49.0	50.0	43.0	60.0	64.0
大麦	—	35.0	10.9	10.0	28.0	19.0	4.2
小麦麸	10.8	5.0	15.1	15.0	7.0	5.0	—
豆饼	13.8	8.0	7.6	7.4	8.0	5.0	28.3
鱼粉	—	—	3.0	3.0	6.0	7.0	1.0
干草粉	—	—	—	—	6.0	—	—
槐叶粉	—	8.0	—	—	—	3.0	—
高粱	4.6	—	13.0	13.0	—	—	—
葵花籽饼	4.6	—	—	—	—	—	—
青贮玉米	16.1	—	—	—	—	—	—
酒精糟	18.1	—	—	—	—	—	—
石粉	—	—	—	0.5	—	—	—
食盐	0.5	0.5	0.4	0.4	0.5	0.5	0.5
骨粉	1.0	—	—	0.7	1.5	—	2.0
贝壳粉	0.6	0.5	—	—	—	0.5	—

续表 3-24

饲　料	配合比例(%)						
	1	2	3	4	5	6	7
微量元素添加剂	1.0	—	1.0	—	—	—	—
合　计	100	100	100	100	100	100	100
	营养水平						
消化能(兆焦/千克)	12.18	12.18	13.25	12.26	12.68	12.75	13.73
粗蛋白质(%)	13.3	12.7	13.3	13.3	15.5	15.2	15.96
钙(%)	0.67	0.59	0.20	0.66	0.84	0.86	0.76
磷(%)	0.59	0.47	0.46	0.56	0.68	0.47	0.59
赖氨酸(%)	0.99	0.55	0.56	0.56	0.80	0.77	—
蛋氨酸+胱氨酸(%)	0.47	0.33	0.43	0.43	0.40	0.38	—

在表 3-24 中,配方 1 和配方 2 为非配种期种公猪的饲料配方,均为无鱼粉配方,但各有其特点。配方 1 是使用了青贮饲料、葵花籽饼,以杂粮和非粮食饲料为主;配方 2 则以玉米、大麦、豆饼等粮食作物为主要原料,且配方中所用原料种类较少,一般不易受原料的限制。配方 3 至配方 7 供种公猪配种期使用,均为玉米、大麦、豆饼、鱼粉型配方,在生产中可根据饲料来源选择不同的配方。

第四章 猪配合饲料及其制作

一、猪预混料的配制

根据猪用预混料的活性成分，猪用预混料可分为微量元素预混料、维生素预混料和复合预混料。下面就各种预混料的配制分别进行介绍。

（一）微量元素预混料

1. 配方设计原则和步骤

（1）确定微量元素的种类和需要量　根据猪的生理、生长阶段等因素查相应的饲养标准，确定预混料中微量元素的种类和需要量。

（2）计算所需微量元素的添加量　查饲料成分表，计算基础饲粮中各种微量元素的含量。根据需要量和基础饲料中的含量，计算添加量。

添加量＝饲养标准中规定的需要量－基础饲粮中的相应含量。如果基础饲粮中的含量忽略不计，则添加量＝饲养标准中的规定需要量。

2. 微量元素预混料配方设计举例　为体重20～35千克生长猪设计制作微量元素预混料配方（以需要量作为添加量），按以下步骤进行。

第一步：根据饲养标准确定用量，见表4-1。

表 4-1 20～35 千克生长猪的微量元素需要量

元素	铜	铁	锌	锰	碘	硒
需要量(mg/kg)	4.5	70	70	3	0.14	0.3

第二步：原材料选择见表 4-2。

表 4-2 所选用的微量元素原料

原料	产地	纯度(%)	等级
七水硫酸锌	北京	98	饲料级
五水硫酸铜	兰州	85	饲料级
七水硫酸亚铁	兰州	85	饲料级
五水硫酸锰	兰州	98	饲料级
碘化钾预混料	兰州	1	饲料级
亚硒酸钠预混料	兰州	1	饲料级

第三步：各原料中有效成分的计算及商品用量的折算见表 4-3，表 4-4)。

表 4-3 微量元素原料纯度及元素含量

原料	纯度(%)	纯品中元素含量(%)	原料中有效成分含量(%)=纯品中元素含量×纯度
七水硫酸锌	98	锌 22.7	锌 22.25
五水硫酸铜	85	铜 25.5	铜 21.675
七水硫酸亚铁	85	铁 20.1	铁 17.085
五水硫酸锰	98	锰 22.8	锰 22.344
碘化钾预混料	1	碘 76.4	碘 0.764
亚硒酸钠预混料	1	硒 45.65	硒 0.4565

表 4-4　每吨饲料中各原料的添加量

元　素	添加量（毫克/千克）	原料用量（克/吨 全价料）＝添加量÷原料中有效成分含量	
锌	70	七水硫酸锌	70÷22.25％＝314.6
铜	4.5	五水硫酸铜	4.5÷21.675％＝20.76
铁	70	七水硫酸亚铁	70÷17.085％＝409.72
锰	3	五水硫酸锰	3÷22.344％＝13.42
碘	0.14	碘化钾预混料	0.14÷0.764％＝18.32
硒	0.3	亚硒酸钠预混料	0.3÷0.4565％＝65.72
小计		842.54	

第四步：根据微量元素添加剂在全价料中的添加比例，确定微量元素添加剂预混料的配方。如制作 0.2％的预混料，即每吨全价料中需加 2 千克预混料，预混料中的各原料百分比，如表 4-5 所示。

表 4-5　微量元素添加剂预混料的配方

微量元素	添加量（毫克/千克）	预混料中的各原料百分比（％）＝原料用量（克/吨全价料）÷20
锌	70	15.73
铜	4.5	1.038
铁	70	20.49
锰	3	0.671
碘	0.14	0.916
硒	0.3	3.286
小计		42.131
载体		57.869
总计		100

重量百分比的计算有利于不同批量生产时各原料用量的计算。如可由上述配方生产100千克、200千克、500千克等不同批量的预混料。

3. 猪用微量元素预混料配方示例 见表4-6。

表4-6 猪用微量元素预混料配方

微量元素	单 位	0.5%(肉猪)	3%(仔猪)	2%(生长肥育猪)	0.1%(仔猪)	1%(生长肥育猪)	0.1%(肉猪)
铜	毫克/千克	2000	170	152	8000	600	8000
铁	克/千克	12.6	2.7	2.513	80	8	60
锰	毫克/千克	4000	450	98	30000	2030	6000
锌	克/千克	12	2.7	2.5	80	4.5	45
碘	毫克/千克	38	130	7	290	66	300
钴	毫克/千克	—	80	10	—	10	—
硒	毫克/千克	—	—	7	—	—	—
镁	毫克/千克	20	90	—	—	130	—
磷	克/千克	—	30	12	27	1.62	11.16

(二)维生素预混料

1. 配方设计原则和步骤

(1)确定预混料中维生素的种类　根据猪的生长发育阶段的营养需要,确定其维生素预混料中维生素种类。

(2)确定预混料中各种维生素的添加量　查阅相应的饲养标准后进行确定。在确定时需注意以下几点。

第一,正确认识饲养标准。饲养标准中给出的维生素需要量是猪的最低需要量,是在试验条件下得出的数据。应在其基础上适当增加维生素给量,以取得最佳经济效益和生长效果。

第二,在实际生产中,饲料原料中各种维生素含量都比较少,在确定其添加量时,一般可不予计量。

第三，考虑环境条件尤其是各种应激因素对猪的影响，如在高温应激条件下猪对维生素C的需要量提高，那么设计这种条件下使用的维生素预混料配方时，应相应加大维生素C的给量。

第四，在满足猪营养需要的前提下，应权衡产品的生产成本，平衡不同价格的维生素在配方中的用量。在考虑诸因素后所确定的需要量就是配方的保证剂量，应记载在商品标签上。但由于维生素在加工及贮存过程中均有一定量的损失，所以为保证在用户使用时仍能保证标签上所保证的剂量，在生产配方中就要有一定的增加量，即常说的"保险系数"。所以在使用期内，实测的产品中维生素含量往往超过标签上的量。

第五，检查配方中维生素的量是否超过该种维生素的最高用量。维生素虽然是营养性添加剂，但并不是愈多愈好，过量的维生素不仅会提高成本，而且会带来一定的副作用。

现将上述的考虑因素具体列于表4-7和4-8中。

表4-7　维生素添加量占猪总需要量的比例

维生素	添加量占猪总需要量的比例(%)
维生素A	100
维生素D	100
维生素E	75
维生素K	100
维生素B_1	30～50
维生素B_2	>60
烟　酸	50～100
泛　酸	50～80
维生素B_6	30～50
生物素	30～50
维生素B_{12}	50～100
叶　酸	50
胆　碱	20～30

表 4-8 各种维生素产品的保险系数

(超量添加)(西德 BASF 公司推荐)

维生素	保险系数(%)	维生素	保险系数(%)
维生素 A	2～3	维生素 B_6	5～10
维生素 D	5～10	维生素 B_{12}	5～10
维生素 E	1～2	叶 酸	10～15
维生素 K_3	5～10	烟 酸	1～3
维生素 B_1	5～10	泛酸钙	2～5
维生素 B_2	2～5	维生素 C	5～10

注:较好的贮存条件下贮存 3 个月

(3)选用合适的维生素原料　根据使用目的、使用对象和经济效益等选用所需的适宜维生素原料。

(4)选用适宜的载体和稀释剂　根据配方特点和使用目的,选用适宜的载体和稀释剂。

在配制预混料时,常用的载体和稀释剂有稻壳粉、小麦粉、玉米粉、豆粕粉、碳酸钙、磁石、食盐、磷酸盐、白陶土、贝壳粉等。

2. 猪用维生素预混料配方示例　见表 4-9。

表 4-9 猪用维生素预混料配方

维生素	单 位	乳 猪		生长肥育猪		母猪用	
		0.01%	0.04～0.06%	0.01%	0.05%	0.1%	0.025%
维生素 A	万单位/千克	900	5000	1500	5000	1000	8000
维生素 D_3	万单位/千克	100	500	150	1600	120	800
维生素 E	克或单位/千克	10 克	112.5 克	3 万单位	8 万单位	10 克	140 克
维生素 K_3	克/千克	2	5	2.5	15	—	4
维生素 B_1	克/千克	3	7.5	6	—	—	8

续表 4-9

维生素	单　位	乳　猪		生长肥育猪		母猪用	
		0.01%	0.04～0.06%	0.01%	0.05%	0.1%	0.025%
维生素 B_2	克/千克	—	15	15	37.5	4	24
维生素 B_6	克/千克	4	10	5	6	4	16
维生素 B_{12}	毫克/千克	20	100	0.025	0.16	20	120
烟酸	克/千克	20	75	55	200	15	100
D—泛酸钙	克/千克	10	33	25	—	10	53
叶酸	克/千克	—	1.5	—	100	—	4
生物素	毫克/千克	—	250	—	—	—	480
维生素 C	克/千克	—	200	—	—	—	—

(三)复合预混料

包含了所有添加剂及其他需要经过预混的成分,有维生素、微量元素、抗生素以及抗氧化剂、调味剂和酶制剂等。复合预混料的添加比例一般为 0.5%,1% 和 2%。虽然复合预混料的生产不同于前面所讲的维生素预混料和微量元素预混料生产,但在诸如原料和载体的选择等方面与前面相同,如果掌握了单一预混料的生产技术,就可顺利进行复合预混料的生产。

1. 复合预混料的配方设计　复合预混料的配方设计步骤类似于单一预混料,主要设计步骤为:①查相应动物的饲养标准,确定各种微量组分的需要量;②查饲料营养价值表,计算出基础饲粮中各种微量组分的总含量;③计算所需微量组分的添加量;④确定预混料的添加比例,如 1% 和 2% 等;⑤选用适宜的载体,根据使用剂量计算出所用载体量;⑥列出复合预混料配方。

2. 制作复合预混料应注意的问题

(1)防止和减少有效成分损失,保证预混料的稳定性和有效性

①选择稳定性好的原料,在维生素方面,宜选择经过稳定化处理的维生素原料。

②微量元素添加剂原料为硫酸盐时,应使用结晶水少的或经过烘干处理的原料。

③控制氯化胆碱在预混料中的用量,氯化胆碱可破坏维生素A、维生素D、维生素K和胡萝卜素的作用。可采取增加载体和稀释剂的比例的方法将其用量控制在20%以下,或复合预混料中不添加氯化胆碱。

④维生素应超量添加,尤其贮存时间超过3个月的,表4-10给出了需要超量添加的维生素的种类和超量添加比例。

⑤在预混料配方中应选择较好的抗氧化剂、防结块剂和防霉剂等,一般抗氧化剂的添加量为0.015%～0.05%。

表4-10 需要超量添加的维生素种类和超量添加比例

维生素	超量添加比例	维生素	超量添加比例
维生素A	15%～50%	维生素B_6	10%～15%
维生素D	15%～40%	维生素B_{12}	10%
维生素E	20%	叶　酸	10%～15%
维生素K	2～4倍	烟　酸	5%～10%
维生素B_1	10%～15%	泛酸钙	5%～10%
维生素B_2	5%～10%	维生素C	10%～20%

(2)抗生素和药物添加问题　生产和使用添加抗生素和药物添加剂的预混料时要考虑抗药性和在动物体内的残留,不得任意使用和添加。

(3)氨基酸添加问题　在商品猪预混料中多添加赖氨酸。由于氨基酸的添加对预混料的成本有很大影响,在设计和生产时要

考虑到。表4-11给出了仔猪和生长肥育猪复合预混料中赖氨酸和蛋氨酸的建议添加量。

表 4-11　复合预混料中氨基酸的建议添加量

不同猪群预混料	赖氨酸添加比例(克/千克)	蛋氨酸添加比例(克/千克)
仔　猪	100～150	30～50
生长肥育猪	50～120	—

(4)微量组分的稳定性及各种微量组分之间的关系　在正常的贮存和使用条件下,复合预混料中的某些组分在物理性质上是一致的,化学性质也是稳定的,如核黄素、氯化胆碱、烟酸、蛋氨酸、链霉素以及各种矿物质盐类等。但维生素的稳定性将受到pH值、含水量和矿物质的存在以及氧化还原条件的影响,大部分维生素在碱性条件下和水分高的情况下稳定性差。矿物质能促进一些维生素的氧化。另外,饲料中含有磺胺类和抗生素时,维生素K的添加量将增加2～4倍。因此,在制作复合预混料时,切不可把微量元素预混料和维生素预混料混在一起存放,应单独包装备用,当制作全价配合饲料时,再分别投入。如果同时用微量元素预混料和维生素预混料制作复合预混料,必须加大载体和稀释剂的用量,使复合预混料占全价配合饲料的1%、1.5%或2%。同时,必须严格控制预混料的含水量,最好不超过5%。

3. 猪用复合预混料配方示例　见表4-12,表4-13,表4-14。

表 4-12 美国大豆协会推荐的猪用复合预混料配方

原料	单位	仔猪 4.5～10千克	仔猪 10～18千克	生长肥育猪 15～57千克	生长肥育猪 57～105千克	种猪
维生素 A	千单位/吨	4400	3300	2200	2200	5500
维生素 D_3	千单位/吨	440	440	330	220	440
维生素 E	千单位/吨	22	22	16.5	11	22
维生素 K	克/吨	4.4	3.3	2.6	2.2	3.3
维生素 B_2	克/吨	7.7	6.6	5.5	4.4	6.6
泛酸	克/吨	26	22	17.6	13.2	22
尼克酸	克/吨	40	31	22	17.6	31
胆碱	克/吨	—	—	—	—	440
维生素 B_{12}	毫克/吨	33	26.4	20	13	26.4
生物素	毫克/吨	—	—	—	—	220
锌	克/吨	150	100	75	50	100
铁	克/吨	150	100	75	50	100
铜	克/吨	6	5	4	3	5
锰	克/吨	6	5	4	3	5
碘	克/吨	0.2	0.2	0.2	0.2	0.2
硒	克/吨	0.3	0.3	0.1	0.1	0.1
抗生素	克/吨	100～250	100～250	50～100	20～50	50～200
抗氧化剂	克/吨	120	120	120	120	120
添加量	%	1	1	1	1	1

表 4-13　台湾凯迈化学制药股份公司推荐的猪用复合预混料配方

原　料	单　位	哺乳仔猪	仔　猪	生长猪
维生素 A	万单位/千克	540	500	400
维生素 D_3	万单位/千克	67	100	100
维生素 E	克/千克	11.67	10	7.5
维生素 K_3	克/千克	0.67	1	0.5
维生素 B_2	克/千克	2.67	2.5	2
烟酰胺	克/千克	11.67	10	10
D-泛酸钙	克/千克	9.34	5	5
叶　酸	克/千克	0.34	0.5	0.5
维生素 B_1	克/千克	0.5	0.5	0.5
维生素 B_6	克/千克	0.6	0.5	0.5
生物素	毫克/千克	3.34	5	—
维生素 B_{12}	毫克/千克	20	10	7.5
铁	克/千克	36.67	75	75
钴	克/千克	0.17	0.5	0.5
锰	克/千克	26.67	20	20
铜	克/千克	41.67	90	62.5
锌	克/千克	36.67	50	50
碘	克/千克	0.2	0.5	0.5
硒	克/千克	0.05	0.075	0.075
添加量	%	3	2	2

表 4-14　美国国际营养公司推荐的猪用复合预混料配方

原　料	单　位	仔　猪	生长猪	种　猪
维生素 A	万单位/千克	300	150	300
维生素 D_3	万单位/千克	40	30	40
维生素 E	单位/千克	6000	1000	6000
维生素 K	毫克/千克	800	1000	1250
维生素 B_1	毫克/千克	400	—	—
维生素 B_2	毫克/千克	1400	1250	2500
维生素 B_6	毫克/千克	800	150	500
维生素 B_{12}	毫克/千克	6	5	7
D-泛酸钙	毫克/千克	4000	4000	8000
叶　酸	毫克/千克	120	—	50
烟　酸	毫克/千克	7000	8000	12500
生物素	毫克/千克	27.2	—	20
氯化胆碱	克/千克	69	100	225
铁	克/千克	32	50	50
钴	克/千克	0.04	0.10	0.1
铜	克/千克	2.4	5	5
锌	克/千克	32	55	50
碘	克/千克	0.24	0.3	0.3
硒	毫克/千克	60	50	50
抗氧化剂	毫克/千克	—	2500	2500
香味剂		适量		
甜味剂		适量		
添加量	%	1	0.2	妊娠母猪 0.25 哺乳母猪和公猪 0.2

二、猪浓缩饲料的配制

浓缩饲料是饲料厂生产的半成品，不能单独饲喂。浓缩饲料的实际饲喂效果，只能与日粮的其他配伍组分(一般是能量饲料)制成全价配合饲料后，才能表现出来。因此，制作浓缩饲料，必须先对整个日粮的生产目的及营养性有一个全面的理解。

浓缩饲料在整个日粮中，一般占20%或30%，在这种情况下，其余的80%或70%都是能量饲料。

(一)浓缩饲料配制的基本原则

1. 营养水平达到或接近饲养标准　即按设计比例加入能量饲料乃至蛋白质饲料或麸皮、秸秆等之后，总的营养水平应达到或接近于猪的营养需要量，或是主要指标达到饲养标准的要求。例如，能量、粗蛋白质、第一和第二限制性氨基酸、钙、磷、维生素、微量元素及食盐等。有时浓缩饲料中的某些成分亦针对地区性进行设计。

2. 体现饲喂猪群的特点　依据猪群品种、生长阶段、生理特点和生产产品的要求设计不同的浓缩饲料，这有利于提高使用效果或降低配制成本。通用性浓缩饲料在初始的推广应用阶段，尤其在农村很重要，它能方便使用、减少运输、节约运费等，但成分上不尽合理。

3. 质量保护　浓缩饲料应严格控制水分含量，应低于12.5%。配制时，除使用低水分的优质原料外，防霉剂、抗氧化剂的使用及良好的包装必不可少。

4. 适宜比例　猪的浓缩饲料在全价料中所占比例以20%～40%为宜。为方便使用，最好使用整数，如20%、40%，而避免诸如25.8%之类小数的出现。一般仔猪(15～35千克)为30%～

40%；中猪（35～60 千克）为 30%；肥育猪（60 千克以上）为 20%～30%。

5. 注意外观 一些感观指标因受用户的欢迎，如粒度、气味、颜色、包装等都应考虑周全。

（二）浓缩饲料配方设计方法

浓缩饲料配方制作方法有 2 种，一种是先设计出全价饲料配方，然后再算出浓缩饲料配方，第二种是直接计算浓缩料配方。

1. 先设计出全价饲料配方，然后算出浓缩饲料配方 表 4-15 全价饲料配方中 70% 为玉米，则除玉米外，其余的饲料原料为 30%，即为要配制的浓缩料在全价饲料配方中占的比例，那么由各种饲料（除玉米）原料在全价饲料中占的比例分别除以 30% 即为 30% 的浓缩饲料配方。

表 4-15 由全价饲料配方折算浓缩饲料配方

饲料组成（风干基础）	全价饲料配方（%）	浓缩饲料配方（%）
玉 米	70.0	—
大豆粕	18.8	18.8/30%=62.67
进口鱼粉	8.80	8.80/30%=29.33
石 粉	0.40	0.40/30%=1.34
脱氟磷酸氢钙	0.60	0.60/30%=2.00
盐酸 L-赖氨酸	0.12	0.12/30%=0.40
DL-蛋氨酸	0.08	0.08/30%=0.27
食 盐	0.20	0.20/30%=0.66
添加剂预混料	1.00	1.00/30%=3.33
合 计	100.0	100.00

2. 直接计算浓缩饲料配方 这种方法一般在直接生产浓缩

饲料的厂家使用。第一种情况，厂家根据蛋白质、矿物质饲料的供应情况和价格，自行决定浓缩饲料的营养水平，即确定粗蛋白质、氨基酸、钙和磷等指标后，象生产配合饲料一样生产出最低成本的浓缩饲料。用户买到浓缩料后，再根据其各营养成分的含量选择能量饲料的种类和配合数量。第二种情况，厂家根据用户所有的能量饲料种类和数量，确定浓缩饲料与能量饲料的比例，结合猪饲养标准确定浓缩饲料各养分所应达到的水平，最后计算浓缩饲料的配方。如生产25%的中猪浓缩料，设计步骤如下。

(1)确定适宜的配比　根据已有的能量饲料种类，首先给定能量饲料的比例，若玉米占50%，高粱20%，麸皮5%，则浓缩料为25%。

(2)确定适宜的营养水平　如20～35千克生长猪的主要营养水平要求如表4-16所示。

表4-16　20～35千克生长猪的主要营养需要

营养指标	营养需要
消化能(兆焦/千克)	12.98
粗蛋白质(%)	16
钙(%)	0.6
有效磷(%)	0.28
蛋＋胱氨酸(%)	0.5
赖氨酸(%)	0.75

(3)计算出浓缩饲料的营养成分　首先计算出玉米，高粱，麸皮提供的养分总量(表4-17)，然后从标准中减去这些数值，即得到浓缩料应提供养分的数值(表4-18)。

表 4-17　玉米(50%)、高粱(20%)、麸皮(5%)所提供的营养成分

营养指标	营养需要
消化能(兆焦/千克)	10.22
粗蛋白质(%)	6.85
钙(%)	0.045
有效磷(%)	0.105
蛋＋胱氨酸(%)	0.23
赖氨酸(%)	0.187

表 4-18　浓缩料应提供的营养成分

营养指标	营养需要
消化能(兆焦/千克)	2.754
粗蛋白质(%)	9.15
钙(%)	0.555
有效磷(%)	0.175
蛋＋胱氨酸(%)	0.27
赖氨酸(%)	0.563

折算成浓缩饲料(100%)的营养成分值(表 4-19)，应在上述成分基础上乘以 4(即 1/0.25＝4)。

表 4-19　浓缩饲料(100%)的营养成分

营养指标	营养需要
消化能(兆焦/千克)	11.02
粗蛋白质(%)	36.6
钙(%)	2.22
有效磷(%)	0.7
蛋＋胱氨酸(%)	0.92
赖氨酸(%)	2.25

另外，预混料在浓缩料中的添加量也应乘 4 倍，盐的用量和药物等的添加剂也做同样的处理。如全价料应加 1% 的预混料，则 25% 浓缩料应含预混料 4%。

(4)确定浓缩饲料配方 根据上述数据，选择合适的浓缩料饲料原料，采用试差法等计算浓缩料配方(表 4-20)。

表 4-20 25%中猪浓缩饲料配方

原 料	配比(%)	营养成分	含 量
豆粕	40.00	消化能(兆焦/千克)	11.02
棉籽饼	15.00	粗蛋白质(%)	36.60
菜籽饼	10.30	钙(%)	2.22
花生饼	9.60	有效磷(%)	0.70
芝麻饼	7.80	蛋+胱氨酸(%)	0.92
麸 皮	4.48	赖氨酸(%)	2.25
石 粉	4.00		
磷酸氢钙	2.40		
食 盐	1.60		
添加剂预混料	4.00		
赖氨酸盐酸盐	0.82		
合 计	100		

(三)浓缩饲料使用注意事项

浓缩饲料使用正确与否直接关系到饲养经济效益的高低，因此，使用浓缩饲料时应注意。

第一，浓缩饲料不能直接饲喂，必须加入一定的能量饲料，才可供猪只饲用。

第二，使用浓缩饲料时不必加入其他饲料添加剂，厂家在配制浓缩饲料时已经加入了氨基酸、维生素、促生长素、调味剂等，否则会造成养殖成本增加，甚至导致猪只中毒，影响猪只生长。

第三，浓缩饲料与能量饲料配比适宜，才能保证配合后的饲料营养平衡，使猪只发挥出最佳生产性能。通常情况下，浓缩饲料产品说明书中推荐的混合比例可参照使用，但推荐的猪只日龄或适用阶段及能量饲料品种与养殖生产实际往往不尽相同，需要自己计算配合比例进行配合。

第四，注意保质期。浓缩饲料的保质期不完全一致。一般，加了抗氧化剂和防霉剂的浓缩料保质期为半年，只加抗氧化剂的为4～5个月，既没有加抗氧化剂又没有加防霉剂的保质期一般只有2～3个月。因此，要注意在保质期内将饲料用完。

(四)猪浓缩饲料配方示例

表4-21给出了部分猪用浓缩饲料配方，供生产者参考使用。

表4-21　猪用浓缩饲料配方

原　料	小猪用	中猪用	大猪用	通用型（高档）	通用型（中档）	经济型	备　注（cp）
豆　粕	57	54.5	50	49.9	50	50	cp>43%
棉仁粕	10	15	18	10	16	20	cp>43%
菜　粕	6	10	12	6	10	11	cp>38%
进口鱼粉	10	—	—	16	6	—	cp>62%
精炼鱼油	2	2	2	3	2	2	
石　粉	6	7	9.4	8	6.4	6.3	Ca>39%
磷酸氢钙	3	5	2	2	4	4.5	P>16%
食　盐	1.5	2	2	1	1.5	1.7	
元明粉	—	0.5	0.8	0.5	0.5	0.5	

续表 4-21

原料	小猪用	中猪用	大猪用	通用型（高档）	通用型（中档）	经济型	备注（cp）
预混料（另行配制）	2.5	2	1.8	2.2	2	1.8	
L-赖氨酸盐酸盐（98.5%）	2	2	2	1.4	1.6	2.2	
合计	100	100	100	100	100	100	
粗蛋白质含量	40	36	35	40	37	36	
有效赖氨酸含量	3.5	3.1	3.1	3.4	3.2	3.2	
推荐用量(%)	24～22	20～18	15～12				

注：小猪指 8～30 千克，中猪指 30～60 千克，大猪指 60～110 千克

推荐用量(%)：通用型（高档）：小猪 24～22，中猪 20～18，大猪 15～12

通用型（中档）：小猪 24～22，中猪 20～18，大猪 15～12

经济型：小猪 24～22，中猪 20～18，大猪 24～22

三、猪全价配合饲料的配制

（一）猪全价饲料配方设计的基本步骤

1. 确定营养水平 饲料配方中的能量、蛋白质等各种养分的含量定在什么水平，是设计饲料配方的依据，必须首先确定。营养水平定的是否适当，将影响猪的生产水平和养殖者的经济效益。确定营养水平最简单的办法是照搬饲养标准，因为它是近期科学实验和生产实践的总结。但是，饲养标准大多是根据在人工条件下所得的试验结果制定的，不可能完全符合各种不同生产条件下的实际需要，因而有一定的局限性。一般先进国家的饲养标准，例如美国 NRC 标准，有很多科学试验作为基础，而且几经修订，比

较成熟。但它比较适合美国的生产实际，集约化程度比较高，饲料品质、猪的品种比较标准化，饲养管理条件比较规范化等。另外，它又是“营养需要量”，很多指标是最低应达到的营养要求，实际应用时由于猪的品种、饲料品质、饲养条件不同，常加一定的保险系数。我国猪的饲养标准经过我国的生产验证，比较符合国情。因此，一般情况下，以我国的饲养标准为基础，参考国外标准来确定配方的营养水平。饲养标准中，大多指标是最低需要量，其中维生素、特别是脂溶性维生素，在加工、运输和贮存过程中效价会不断下降，常常需要超量供应。饲养管理水平，季节和市场情况都是确定营养水平时需要考虑的因素。高营养水平的配合饲料固然可以获得较好的生产成绩和饲料报酬，但同时也要求较高的饲养管理水平。高温季节猪的采食量普遍下降，低温则采食量增加，能量等养分需要量也有一定变化，饲料配方的营养水平也应做相应的调整。能达到最高产量的配合饲料不一定能获得最高效益，因为效益还受市场上饲料原料和畜产品价格的影响。

2. 选择原料，确定某些原料的限制用量 猪需要的养分很多。为了全面满足其营养需要，饲料原料也应至少包括能量饲料、蛋白质饲料、矿物质饲料，维生素和微量元素添加剂。为了易于平衡饲料中的氨基酸，最好还要有合成氨基酸。合理使用合成氨基酸能提高饲料利用效率和降低成本。根据我国大部分地区饲料资源情况，下列一组原料可以作为选料的基础：玉米、麸皮、豆粕、鱼粉、赖氨酸盐酸盐、DL-蛋氨酸、磷酸氢钙或骨粉、石粉或贝壳粉、食盐、以维生素微量元素为主的添加剂预混料。设计高能量水平配方时还要用油脂。设计含粗纤维含量高的配方时最好能有优质草粉或叶粉。在这一组原料的基础上，各地可根据资源情况，选择质量有保证、能长期充足供应而价格又相对较低的原料代替或补充基础组合中的同类饲料原料。例如，小麦、大麦、燕麦、高粱、次粉等都是很好的能量饲料。米糠可取代麸皮，且能量高于麸皮，但天热潮湿时容易变质，需要注意。菜籽粕、棉籽粕、花生粕、向日葵粕、胡麻粕等都是价格相对较低的蛋白质饲料，只要应用得当，能降低成本。品质良好而价格较低的玉米蛋白粉、豌豆蛋白粉、粉浆蛋白等也是很好的蛋白质饲料。酵母饲料蛋白质含量也较高，而且含有丰富的B族维生素。但由于原料、菌株和生产工艺不同，质量相差很大，应选用质量好而稳定的产品。肉粉、肉骨粉、血粉等能提供动物蛋白，只要质量好、价格低，也都能选用。油脂不但含能量高，而且能提高配合饲料中其他养分的利用效率，如果价格合理，可以适当选用。设计配方时原料种类多，在营养上可以互相取长补短，容易得到营养平衡而成本较低的配方；原料品种少，则质量容易控制。设计时应根据能得到的原料的实际情况，确定选用多少品种。

3. 通过计算设计出原始配方 营养水平和饲料原料确定以后，就可以利用各种计算方法设计出能满足营养要求的原始配方。

(二)猪配合饲料配方中原料的替换

一般情况下，饲料厂或养猪场可能有一套相对成熟的饲料配方，但在实际生产中，往往因为原料价格和来源的变化，需要对配方中的部分饲料原料进行调整，如何使调整后的配方和原配方的基本成分保持不变是生产中经常遇到的问题。表4-22介绍了一种利用猪饲料的近似等价替换值变换饲料品种而保持配方养分含量基本不变的方法。

表 4-22　猪饲料的近似等价替换值

饲　料	消化能（兆焦/千克）	粗蛋白质（%）	每增加1%应增减豆粕、玉米、麸皮各多少（%）			需补充氨基酸（%）	
			豆粕	玉米	麸皮	赖氨酸	蛋氨酸
玉米(GB2)	13.27	8.7	0	－1.000	0	0	0
玉米(GB3)	14.18	8.0	＋0.025	－1.001	－0.024	－0.0004	0.0001
小麦(GB2)	14.18	13.9	－0.115	－0.861	＋0.016	0.0025	0.0001
小麦(GB3)	12.64	11.0	＋0.001	－0.668	－0.333	－0.0003	0.0003
裸大麦(GB2)	13.56	13.0	－0.100	－0.777	－0.123	0.0002	0.0005
高粱(GB1)	13.18	9.0	＋0.038	－0.807	－0.231	0.0004	0.0007
稻谷(GB2)	12.09	7.8	＋0.123	－0.650	－0.473	－0.0015	－0.0004
糙　米	14.39	8.8	－0.008	－1.018	＋0.026	－0.0004	0.0003
碎　米	15.06	10.4	－0.086	－1.094	＋0.180	0	0.0005
米糠(GB2)	12.64	12.8	－0.054	－0.625	－0.321	－0.0018	0.0002
次粉(NY/T)	13.43	13.6	－0.113	－0.741	－0.146	0.0007	－0.0002
麸皮(GB1)	9.37	15.7	0	0	－1	0	0
玉米蛋白饲料	10.38	19.3	－0.154	－0.625	－0.321	－0.0018	0.0002
玉米胚芽饼	14.96	16.7	－0.263	－0.881	＋0.144		
麦芽根	9.67	28.3	－0.398	＋0.248	－0.850		
大豆(GB2,熟)	16.61	35.5	－0.921	－0.762	＋0.683	－0.0014	0.0014
黑豆(熟)	12.72	35.7	－0.757	－0.095	－0.148	－0.0007	0.0012
豌豆(熟)	12.43	22.6	－0.344	－0.357	－0.299	－0.0025	0.003
豆饼(GB1)	13.68	41.4	－0.973	－0.123	＋0.096		
豆饼(GB2)	13.51	40.9	－0.95	－0.106	＋0.056	－0.0003	0.0007
豆粕(GB1)	13.74	46.8	－1.14	－0.005	＋0.145	－0.0007	0.0022
豆粕(GB2)	13.18	43.0	－1	0	0	0	0
玉米蛋白 60	15.05	63.5	－1.708	＋0.169	＋0.539	0.0261	0.0029

续表 4-22

饲　料	消化能(兆焦/千克)	粗蛋白质(%)	每增加1%应增减豆粕、玉米、麸皮各多少(%)			需补充氨基酸(%)	
			豆粕	玉米	麸皮	赖氨酸	蛋氨酸
玉米蛋白 50	15.60	51.3	－1.359	－0.215	＋0.574	0.0196	－0.0027
玉米蛋白 40	15.01	44.3	－0.12	－0.281	＋0.401	0.017	－0.0019
葵仁饼(GB3)	7.91	29.0	－0.342	＋0.564	－1.222	0.0045	－0.0027
葵仁粕(GB2)	11.63	36.5	－0.734	＋0.109	－0.375	0.0076	－0.0023
葵仁粕	10.42	33.6	－0.592	＋0.246	－0.654	0.0062	－0.0023
花生仁饼(GB2)	12.89	44.7	－1.039	＋0.09	－0.051	0.0118	0.0046
花生仁粕(GB2)	12.43	47.8	－1.114	＋0.242	－0.128	0.0119	0.0045
菜籽饼(GB2)	12.05	34.3	－0.685	－0.014	－0.301	0.0072	－0.002
菜籽粕(GB2)	10.59	38.6	－0.753	＋0.336	－0.583	0.0084	－0.0032
棉籽饼(GB2)	9.92	40.5	－0.781	＋0.495	－0.714	0.0095	0.0002
棉籽粕(GB2)	9.46	42.5	－0.822	＋0.621	－0.799	0.0094	0.0001
棉籽饼 32	9.71	32.3	－0.522	＋0.336	－0.814	0.006	0.002
棉籽粕 37	9.50	37.3	－0.665	＋0.491	－0.826	0.0078	0.0008
米糠饼(GB1)	12.51	14.7	－0.106	－0.558	－0.336		
米糠粕(GB1)	11.55	15.1	－0.077	－0.385	－0.538		
亚麻仁饼(NY/T)	12.13	32.3	－0.624	－0.078	－0.298		
亚麻仁粕(NY/T)	9.92	34.8	－0.607	＋0.36	－0.753		
芝麻饼 40	13.29	39.2	－0.889	－0.109	－0.002	0.0126	－0.0008
秘鲁鱼粉	12.47	62.8	－1.574	＋0.591	－0.017	－0.0067	－0.0051
白鱼粉	16.74	61.0	－1.705	－0.178	＋0.883	－0.0014	－0.0037
国产鱼粉	13.05	52.5	－1.284	＋0.248	＋0.036	－0.0005	0.0046
血　粉	11.42	82.8	－2.139	＋1.245	－0.106	－0.0103	0.0055
肉骨粉	11.84	50	－1.155	＋0.394	－0.239	0.0093	0.0056

续表 4-22

饲　料	消化能（兆焦/千克）	粗蛋白质(%)	每增加1%应增减豆粕、玉米、麸皮各多少(%)			需补充氨基酸(%)	
			豆粕	玉米	麸皮	赖氨酸	蛋氨酸
羽毛粉	11.59	77.9	−1.997	+1.099	−0.102	0.0326	−0.0072
皮革粉	11.51	77.6	−1.984	+1.106	−0.122	0.0315	0.0131
苜蓿草粉(GB1)	6.95	19.1	+0.002	+0.493	−1.495	0.0014	0.0011
苜蓿草粉(GB2)	6.11	15.2	+0.158	+0.543	−1.701	−0.0011	0
DDGS(玉米)	15.4	37.2	−0.828	−0.587	+0.415		

注：GB为国家标准，NY/T为农业部推荐标准，DDGS为干酒精糟及可溶物

现以35～60千克生长肥育猪的配方为例，说明这种方法的应用效果。表4-23中的1号配方为原有配方；2号配方用了5%的菜籽粕。查表4-22，需要减少豆粕3.77(5×－0.753)，增加玉米1.68(5×＋0.336)，减少麸皮2.91(5×－0.583)，另需要补充赖氨酸0.04(5×0.0084)，这样，1号配方和2号配方的营养成分基本相同(表4-23)。

表 4-23　近似等价替换值变换饲料品种的生长肥育猪配方

饲料(%)	配方1	配方2
大　麦	30	30
玉　米	51.6	53.28
小麦麸	5	2.09
鱼　粉	4.5	4.5
菜籽粕	—	5
豆　粕	4.0	0.23
草　粉	3.04	3.04
骨　粉	1.3	1.3
赖氨酸	—	0.04

续表 4-23

饲料(%)	配方 1	配方 2
食　盐	0.5	0.5
多种维生素	0.01	0.01
硫酸铜	0.01	0.01
硫酸锌	0.02	0.02
硫酸亚铁	0.02	0.02
	营养水平	
消化能(兆焦/千克)	86.19	86.19
粗蛋白质(%)	13.0	13.0
钙(%)	0.69	0.69
磷(%)	0.58	0.58
赖氨酸(%)	0.63	0.63

四、猪配合饲料的加工制作

完整的配合饲料加工制作包括原料接收、清理、粉碎、配料、混合、制粒、打包等主要工序及除尘、油脂添加等辅助工序。配合饲料加工工艺流程是决定饲料厂产品质量和生产效率的重要因素之一,只有先进合理的工艺流程才能生产出优质产品,带来高效率。同时,选配先进的机器设备,是提高产量、保证质量、节约能耗的基础。

(一)原料接收

饲料原料质量决定产品质量,仅有良好的饲料配方、先进的生产设备与高水平的操作人员,没有好的饲料原料,也不会生产出高品质的饲料产品。饲料原料是影响饲料最终产品质量的关键，也是饲料安全生产的第一关键控制点。由于饲料原料来源复杂，加上运输、贮存等环节，往往可能导致霉菌超标、农药残留和混入其他杂质。在企业内部都应该有原料质量验收标准，对进厂原料一般都取样进行水分和感官指标的验收，不符合标准的直接退货，合格的填写质检报告单后过磅，在入库过程中对原料进行抽样，送回化验室做相应的营养指标检测，如豆粕要测定脲酶、米糠要测定脂肪含量等，不符合标准的退货，入库原料及时挂上质量标志牌。

在原料贮存的过程中，要力求减少其内在营养物质的损失。为了避免谷物原料的结块和霉菌生长，需严格控制入库原料的水分。原料入库必须按规定的要求堆放，做好防潮、防霉变和通风等工作，同时注意定期对原料进行质量检查，发现问题，及时解决。在原料的使用上要坚持先进先出、推陈贮新。

(二)原料清理

在饲料加工过程中，原料清理是一个非常重要的工段之一。原料中的杂质不仅影响产品质量，而且会对加工设备造成严重的损坏，主要表现在以下几个方面：① 原料中杂质的成分复杂，如果使其进入饲料成品，将影响饲料产品的质量，从而影响猪正常的生长发育。② 磁性杂质不但会使设备零部件受到磨损，而且会对设备造成严重损坏，甚至可能造成人身事故。例如，如果较大的磁性杂质进入锤片式粉碎机的粉碎室，可能损坏锤片，也可能损坏筛片；如果进入制粒机的制粒室，会损坏压模压辊。③ 某些杂质如麻绳、玉米芯等，由于其体积大、流动性差等性质，会引起设备堵塞，影响正常生产。

在饲料加工厂中，粒状原料和粉状原料的清理工艺基本相似，不同之处在于所选用的清理设备不同。目前应用较广的有 2 种方式。

第一种方式是下料口位于车间或下料间内，这种方式在中小型饲料厂居多。人工把原料从原料库运入车间或下料间，再将原料投入下料斗，经栅筛初步清理，由斗式提升机提升经溜管进入圆筒初清筛（粒料）或圆锥粉料筛（粉料），清除非磁性杂质，再流经永磁筒除去磁性杂质进入待粉碎仓（粒料）或配料仓（粉料）。这种方式工艺简便、设备投资小，但在下料的过程中，如果下料口位于车间内，容易影响车间卫生，同时由于这种方式的粒料和粉料下料口相距比较近，易引起原料交叉。

第二种方式是下料口位于原料库内，由水平输送设备将原料送入车间，水平输送机多为刮板输送机，大中型饲料厂多采用这种方式。原料由人工投入下料斗，经栅筛初步清理后由刮板输送机送入车间内斗式提升机的进料口，再由斗式提升机提升依次进入圆筒初清筛（粒料）或圆锥粉料筛（粉料）和永磁筒进行清理，清除杂质后的净原料进入待粉碎仓（粒料）或配料仓（粉料）。这种方式较第一种方式设备投资大，但下料口的布置较灵活，可有效地避免原料交叉，也便于原料的组织管理。

另外，有些饲料厂采用两种方式相结合的形式，即一部分原料在原料库内下料，另一部分原料在车间或下料间内下料，这种形式在大型厂中居多。例如为了满足生产能力的要求，设有3个以上下料口，可采用这种方式。总之，两种清理方式各有利弊，选用何种方式应根据工艺设计的要求及整体布局来确定。

（三）粉　碎

饲料粉碎后更利于猪的消化吸收，粉碎质量也是评价成品饲料质量的重要因素，粉碎工艺中的重要指标是粒度、均匀度和能耗，它涉及到产品质量、后续加工工序和饲料加工成本。配合饲料中需要粉碎的原料一般占50%～80%。

粉碎工艺有3种，即一次粉碎工艺、二次粉碎工艺和闭路粉碎工艺。

1. 一次粉碎工艺 一次粉碎工艺是一种传统工艺。一般是原料先被升运，经过初清去杂后进入原料仓，然后经过磁选器除铁，再进入粉碎机粉碎，粉碎后被提升入粉料仓，以便下一步进行配料。

一次粉碎工艺简单，使用设备较少，不足之处是成品（粉料）粒度不均，电耗高，产量相对较低。一次粉碎工艺多被小型饲料厂采用。

2. 二次粉碎工艺 二次粉碎工艺是在一次粉碎工艺的基础上，增加1台粗粉碎机、1台细粉碎机和1台分级筛。物料被清理后，先进行粗碎，粗碎后的物料由分级筛进行分理，对已达到粒度要求的产品，直接送入粉料仓，未达到粒度要求的物料，则送入细粉碎机进行二次粉碎。与一次粉碎工艺相比，二次粉碎工艺虽然增加了设备，但能降低能耗，提高生产率及产品质量。这是由于采用粗粉碎机后，该机可选用较大孔径的筛片，减少了物料在机内的停留时间，同时利用分级筛的分理作用，把粗粉碎后的物料中粒度已达到产品要求的部分直接送入粉料仓，避免了重复粉碎。细粉碎机只对经过粗粉碎后粒度较大的物料进行粉碎，所以能降低能耗，提高生产率。这种工艺能降低能耗25％～50％。

3. 闭路粉碎工艺 闭路粉碎工艺实际上是二次粉碎工艺的变型，又称单一循环粉碎工艺。它是在一次粉碎工艺的基础上，增加了1台分级筛，分级筛设在粉碎机的后面，分理粉碎后的物料，分出的合格物料可进入粉料仓，不合格物料再送回原粉碎机进行第二次粉碎。

闭路粉碎工艺同样能降低能耗，提高生产率。因为闭路工艺所使用的粉碎机换用了较大孔径的筛片，减少了产品在机内的停留时间，这对于提高粉碎机的效率，防止高温对产品质量的影响，降低能耗，都有实际意义。这种工艺能降低能耗26％～40％。

二次粉碎工艺与闭路粉碎工艺在提高生产率、保证产品质量和节能等方面都有实际意义，多被大、中型饲料厂采用。

(四)配　料

配料是饲料加工工艺的核心部分，配方的正确实施须由配料工艺来保证。

目前常用的工艺流程有人工添加配料、一仓一秤配料、多仓数秤配料等。

1. 人工添加配料　人工控制添加配料适用于小型饲料厂和饲料加工车间，这种配料工艺是将参加配料的各种组分由人工称量，然后由人工将称量过的物料倾入混合机中，因为全部采用人工计量、人工配料，工艺极为简单，设备投资少、产品成本低，计量灵活、精确，但操作环境差、劳动强度大、劳动生产率低，尤其是操作工人劳动较长的时间后，容易出差错。

2. 一仓一秤配料　该工艺是在 8～10 个配料仓的小型饲料加工机组中，每个配料仓下配置 1 台重量式台秤，各台秤的秤量可以不同。作业时各台秤独立完成进料、称量和卸料的配料周期动作。这种工艺的优点是配料周期短、准确度高。但设备多、投资大，使用维护也较复杂。

3. 多仓多秤配料　将所计量的物料按照其物理特性或称量范围分组，每组配上相应的计量装置。

(五)混　合

混合工艺的关键是如何保证混合均匀。一般可分为分批混合和连续混合 2 种。

1. 分批混合　就是将各种混合组分根据配方的比例混合在一起，并将它们送入周期性工作的批量混合机分批地进行混合，这种混合方式改换配方比较方便，每批之间的相互混杂较少，是目前普遍应用的一种混合工艺,由于启闭操作比较频繁,大多采用自动程序控制。

2. 连续混合 是将各种饲料组分同时分别地连续计量,并按比例配合成一股含有各种组分的料流,当这股料流进入连续混合机后,则连续混合而成一股均匀的料流,这种工艺的优点是可以连续地进行,容易与粉碎及制粒等连续操作的工序相衔接,生产时不需要频繁地操作,但是在换配方时,流量的调节比较麻烦而且在连续输送和连续混合设备中的物料残留较多,所以两批饲料之间的互混问题比较严重。

混合机是饲料生产中的关键和核心设备之一,它是确保配合饲料质量和提高混合效率以及决定工厂规模的关键设备之一。在混合饲料过程中,可以运用不同的混合机。

按作业方式可分为分批式混合机和连续式混合机。其中分批式混合机是将各种饲料原料按配方比例要求配置成一定容量的一个批量,将这个批量的物料送入混合机进行混合,一个混合周期即生产一个批量的产品。连续式混合机是将各种饲料分别按配方比例要求连续计量,同时送入混合机内进行混合,它的进料和出料都是连续的。现代饲料厂普遍使用分批式混合机。

(六)制　粒

制粒是将粉状物料压制成颗粒饲料的过程。制粒工艺主要包括以下几方面。

1. 调质 调质是制粒过程中最重要的环节。调质的好坏直接决定着颗料饲料的质量。调质的目的是将配合好的干粉料调质成具有一定水分、一定湿度从而利于制粒的粉状饲料,目前我国饲料厂都是通过加入蒸汽来完成调质过程。

2. 制粒 一般分为压缩制粒和挤出制粒两种。压缩制粒利用冲头和模型将粉料压缩成型。挤出制粒采用螺旋、活塞或轧孔等挤出装置，使物料从模孔中挤出而成型。常用的是挤出制粒机，包括环模制粒和平模制粒。

3. 冷却 在制粒过程中由于通入高温、高湿的蒸汽同时物料被挤压产生大量的热，使得颗粒饲料刚从制粒机出来时，含水量达16%～18%，温度高达75℃～85℃，在这种条件下，颗粒饲料容易变形破碎，贮藏时也会产生粘结和霉变现象，必须使其水分降至14%以下，温度降低至比气温高8℃以下，这就需要冷却。

4. 破碎 在颗料机的生产过程中，为了节省电力，增加产量，提高质量，往往是将物料先制成一定大小的颗粒，然后再根据畜禽饲用时的粒度用破碎机破碎成合格的产品。

5. 筛分 颗粒饲料经粉碎工艺处理后，会产生一部分粉末凝块等不符合要求的物料，因此破碎后的颗粒饲料需要筛分成颗粒整齐，大小均匀的产品。

（七）成品包装

小型饲料厂一般采用人工包装或半自动包装，大中型饲料厂最好采用自动包装。包装秤按喂料方式可分为直装式、螺旋式和皮带式几种。

第五章 猪配合饲料的质量管理

一、猪配合饲料的质量标准

猪配合饲料的质量包括感官指标、水分含量、加工质量、营养指标及卫生标准等内容。下面是仔猪和生长肥育猪配合饲料(GB/T 5915—93)的质量标准要求。

(一)感官指标

配合饲料要求色泽一致,无发酵霉变、结块及异味、异臭等。在产品原料接收,产品入库时,感官指标的鉴定很重要,如发现问题,可通过分析化验来解决。

(二)水　分

饲料中所含水分也是动物机体水分的重要来源。猪配合饲料的水分要求北方不高于14%,南方不高于12.5%。符合下列情况之一时可允许增加0.5%的含水量:其一,平均气温在10℃以下的季节;其二,从出厂到饲喂期不超过10天者;其三,配合饲料中添加有规定量的防霉剂者(标签中注明)。水分过高容易引起发热霉变,不利于贮藏;降低水分虽对贮藏有利,但会引起颗粒破碎率增加和饲料损耗的增加。

(三)加工质量

主要指原料的粒度、混合均匀度等是否符合质量标准。要求成品粒度(粉料)99%通过2.80毫米编织筛,但不得有整粒谷物,

1.4毫米编织筛筛上物不得大于15%。配合饲料应混合均匀，其变异系数(CV)应不大于10%。

(四)营养指标

主要指饲料中的消化能、粗蛋白质、粗脂肪、粗纤维、粗灰分、钙、磷、食盐等营养物质含量是否符合猪的饲养标准。由于某些营养物质之间有相互促进、相互协调、相互制约、相互拮抗的关系，因此，不仅要看营养物质的含量，还要看营养物质之间是否达到平衡。

仔猪、生长肥育猪配合饲料国标(GB/T 5915－93)规定的营养成分指标见表5-1。

表5-1　仔猪、生长肥育猪配合饲料国标规定的营养成分　(%)

产品		粗脂肪	粗蛋白质	粗纤维	粗灰分	钙	磷	食盐	消化能 兆焦/千克	消化能 大卡/千克
仔猪	前期	2.5	20.0	4.0	7.0	0.7～1.2	0.6	0.3～0.8	13.39	3200
	后期	2.5	17.0	5.0	7.0	0.5～1.0	0.5	0.3～0.8	12.97	3100
生长肥育猪	前期	1.5	15.0	7.0	8.0	0.4—0.8	0.35	0.3—0.8	12.55	3000
	后期	1.5	13.0	8.0	9.0	0.4—0.8	0.35	0.3—0.8	12.13	2900

(五)卫生质量

主要是指饲料中各种有毒有害物质、有害微生物的含量以及各种添加剂、药品的用量是否超过国家规定的范围，即要求符合中华人民共和国饲料卫生标准和中华人民共和国饲料添加剂规定。

二、影响猪配合饲料质量的因素

影响猪配合饲料质量的因素很多,但以原料、配方、加工工艺对配合饲料质量影响最大。

(一)饲料原料质量

原料是生产猪配合饲料的物质基础,原料质量好坏直接关系着配合饲料质量的好坏。一是要注意原料本身是否符合标准,有无霉变,或含有其他毒素。二是要注意原料在运输、接收、贮存、加工生产过程中是否受到外来污染。选用原料时,在考虑饲料营养、价格因素的同时,还必需注意到饲料的安全问题,避免使用含有毒有害物质和发霉变质的原料。

(二)饲料配方

科学的饲料配方是生产优质配合饲料的前提,合理地设计饲料配方是科学养猪不可缺少的环节。在原料符合标准的情况下,只有配方合理,才能满足猪的营养需要,才能充分发挥猪的生产性能。一个合理的饲料配方不仅反映组成配方的各种饲料原料间量的关系,而且由于合理搭配使整个饲料发生了质的变化,提高了营养价值,是其中任何单一品种饲料所不能比拟的。一个好的饲料配方必须兼顾科学性、实用性、经济性和安全性原则,严格控制各种添加剂、药品的用量,不得超过国家规定的范围。

(三)加工工艺

1. 粉碎 粉碎是一种缩小颗粒尺寸的方法。通过粉碎可增加饲料的表面积,提高饲料的混合均匀度和颗粒成型能力。

2. 配料 正确的配料,可以得到最好的养殖效果,并能经济合理地利用各种饲料资源，最大限度地节省饲料。

3. 混合　饲料混合的主要目的是将按配方组合的各种原料组分混合均匀，使猪只采食到符合配方要求的各组分分配均衡的饲料。饲料混合均匀度是标志饲料质量的主要指标。

4. 制粒　制粒可使混合饲料成分压实，提高营养成分浓度的密实度。在调制及颗粒压制过程中产生的热，可破坏一些植物性原料中天然存在的对热不稳定的有毒因素；高温可杀死原料中的沙门氏菌等病菌和寄生虫卵。制粒过程可改变饲料中维生素的含量，一般可通过改善工艺来降低或消除高温对维生素的破坏，如适当增加这些成分或制粒后喷涂添加剂。

三、配合饲料的质量检验

配合饲料的质量检验是保证产品质量的重要一关，应采取抽样法进行检验。抽样法是从产品群体中一次随机取样进行检查，如果符合规定的条件，产品群体可判定为合格，若是不符合条件，则判定其群体为不合格。

(一)取　样

检验饲料的品质，取得代表性的样品是关键步骤之一。而取样的关键是取得的样品应能代表整批原料的质量。因此，取样要充分考虑取样的数量、角度和位置，确保取得的样品混合均匀。

1. 取样的基本原则和样品的制备

选用清洁的容器和取样设备。取样时每个部位样品不少于500克。将样品搅拌均匀后用分样器或四分法取得最后分析所需要的样品数。每个样品要有标签，注明取样时间、样品名称和产地等。根据原料特性和生产实际情况确定样品保留时间。防止样品在存放过程中发生变化。样品在分析检验前进行粉碎，达到要求的粒度。

2. 取样方法 散装原料，建议在不同部位随机检取 10 个以上样品，也可在卸料过程中，每隔一段时间，随机取 10 个以上样品。袋装原料不足 10 袋时，逐袋用检样器对角线取样，10 袋以上时，可随机检取 10 袋。一般情况下，原料检取的样品可以混合；用"四分法"或分样器取得平均样品送检。液体原料采用虹吸法取样，在上、中、下 3 层用吸管取样 3 升，液体原料应充分搅拌均匀后再取样。

"四分法"取样时，先将样品置于方形纸或塑料布上（大小视样品的多少而定），提起纸或塑料的一角，使样品流向对角，随及提起对角使样品回流，如此反复，使样品混合均匀。然后将样品铺平，用适当器具，从中划 1 个"十"字或以对角相连接，将样品分为 4 等份，除去对角的 2 份，将剩余 2 份如前述再进行混合，再分成 4 等份，重复上述过程，直至剩余样本的数量和测定所需要的用量相近为止。

此外，样品取样后，要进行登记，其内容包括：样品名称和种类，取样地点、日期、生产厂家和出厂日期，外观描述、饲料重量、存放地点、取样人和时间。样品要妥善保管。

（二）感官检验

感官检验是饲料质量检验的第一步，只有外观合格，经质检部门签发外观合格单，由检验员按规定方法抽取样品后才可进出库。

感官检验的项目有：水分（粗略估测）、颜色、色泽、气味、杂质、霉变、虫蛀和结块等。好的产品应该是：色泽一致，无发酵霉变、结块及异味、异嗅。这样，可大体上核查一下品种和质量情况，进而指导取样并提出更具体的检测项目。

（三）实验室检验

实验室检验是饲料原料和产品质量检验的中心环节。对有关原料和产品质量的检测项目、方法和标准，国家已制定了相应的产品质量标准和检验方法标准。

表 5-2 至表 5-6 为各种营养物质、有毒有害物质等检验方法的国家标准目录，以便检验时查对参考。

表 5-2　饲料中天热有毒有害物质的检验方法

序　号	标准号	国家标准名
1	GB/T 13085－2005	饲料中亚硝酸盐的测定
2	GB/T 13086－1991	饲料中游离棉酚的测定方法
3	GB/T 13087－1991	饲料中异硫氰酸酯的测定方法
4	GB/T 13089－1991	饲料中噁唑烷硫酮的测定方法
5	GB/T 13084－2006	饲料中氰化物的测定

表 5-3　饲料中次生有毒有害物质的检验方法

序　号	标准号	国家标准名
1	GB/T 17480－1998	饲料中黄曲霉毒素 B_1 的测定
2	GB/T 19539－2004	饲料中赭曲霉毒素 A 的测定
3	GB/T 19540－2004	饲料中玉米赤霉烯酮的测定

表 5-4　饲料中重金属及其他有机有害物质的检验方法

序　号	标准号	国家标准名
1	GB/T 13079－2006	饲料中总砷的测定
2	GB/T 13080－2004	饲料中铅的测定
3	GB/T 13081－2006	饲料中汞的测定
4	GB/T 13082－1991	饲料中镉的测定方法
5	GB/T 13083－2002	饲料中氟的测定
6	GB/T 13088－2006	饲料中铬的测定

表 5-5　饲料中营养成分的检验方法

序　号	标准号	国家标准名
1	GB/T 13882—2002	饲料中碘的测定
2	GB/T 13883—1992	饲料中硒的测定方法
3	GB/T 13884—2003	饲料中钴的测定
4	GB/T 13885—2003	动物饲料中钙、铜、铁、镁、锰、钾、钠和锌含量的测定
5	GB/T 14698—2002	饲料显微镜检查方法
6	GB/T 14699.1—2005	饲料采样
7	GB/T 14700—2002	饲料中维生素 B_1 的测定
8	GB/T 14701—2002	饲料中维生素 B_2 的测定
9	GB/T 14702—2002	饲料中维生素 B_6 的测定
10	GB/T 15399—1994	饲料中含硫氨基酸测定方法
11	GB/T 15400—1994	饲料中色氨酸测定方法
12	GB/T 17776—1999	饲料中硫的测定
13	GB/T 17777—1999	饲料中的钼的测定
14	GB/T 17778—2005	预混合饲料中 d-生物素的测定
15	GB/T 17812—1999	饲料中维生素 E 的测定
16	GB/T 17814—1999	饲料中丁基羟基茴香醚、二丁基羟基甲苯和乙氧喹的测定
17	GB/T 17815—1999	饲料中丙酸、丙酸盐的测定
18	GB/T 17816—1999	饲料中总抗坏血酸的测定
19	GB/T 17817—1999	饲料中维生素 A 的测定
20	GB/T 17818—1999	饲料中维生素 D_3 的测定
21	GB/T 18246—2000	饲料中氨基酸的测定
22	GB/T 18397—2001	复合预混合饲料中泛酸的测定
23	GB/T 18633—2002	饲料中钾的测定
24	GB/T 18872—2002	饲料中维生素 K_3 的测定

续表 5-5

序　号	标准号	国家标准名
25	GB/T 19371.2—2007	饲料中蛋氨酸羟基类似物的测定
26	GB/T 20194—2006	饲料中淀粉含量的测定
27	GB/T 20195—2006	动物饲料试样的制备
28	GB/T 20805—2006	饲料中酸性洗涤木质素(ADL)的测定
29	GB/T 20806—2006	饲料中中性洗涤纤维(NDF)的测定
30	GB/T 21514—2008	饲料中脂肪酸含量的测定
31	GB/T 6432—1994	饲料粗蛋白测定方法
32	GB/T 6433—2006	饲料中粗脂肪的测定
33	GB/T 6434—2006	饲料中粗纤维的含量测定
34	GB/T 6435—2006	饲料中水分和其他挥发性物质含量的测定
35	GB/T 6436—2002	饲料中钙的测定
36	GB/T 6437—2002	饲料中总磷的测定
37	GB/T 6438—2007	饲料中粗灰分的测定
38	GB/T 6439—2007	饲料中水溶性氯化物的测定

表 5-6　饲料中有害微生物的检验方法

序　号	标准号	国家标准名
1	GB/T 13091—2002	饲料中沙门氏菌的检测方法
2	GB/T 13092—2006	饲料中霉菌总数的测定
3	GB/T 13093—2006	饲料中细菌总数的测定
4	GB/T 14698—2002	饲料显微镜检查方法
5	GB/T 18869—2002	饲料中大肠菌群的测定

(四)加工质量检验

加工质量指配合饲料的粉碎粒度、配料精度、混合均匀度和成型质量标准等。对预混料则主要是粒度、配料精度和混合均匀度。

1. 粉碎粒度 原料的粉碎粒度对加工成本、混合均匀度和制粒质量及使用效果等均有影响。就预混料生产而言,粉碎粒度要求较细,以便其在饲料成品中均匀分布,达到一定的颗粒数。对饲料来说,不同动物品种、不同生产阶段的成品应选择合适的粉碎粒度。成品粒度测定采用国标"配合饲料粉碎粒度测定方法"(GB 5917—86)进行。

2. 配料精度 提高饲料的配料精度,对饲料质量十分重要,尤其是预混料,更应精确。

3. 混合均匀度 合格的饲料是各种原料成分颗粒的均匀混合物,混合均匀度以某一示踪物的变异系数来表示,要求配合饲料的变异系数小于10%,预混料小于5%,不应含有其他夹杂物。具体测定方法可参见"配合饲料混合均匀度测定法"的国家标准(GB 5918—86)。

4. 成型质量标准 饲料的成型质量测定项目包括:容重、粉化率、硬度等。

(五)卫生质量检验

饲料的卫生质量指标有:重金属、毒素等有害物质的含量及有害微生物等的含量。这些物质一旦混入饲料,将严重影响饲料质量,甚至造成动物中毒死亡。特别应注意的是,一些抗生素和激素类物质,对人类安全有很大影响,必须予以重视,并采取有效措施严格控制。具体应按照中华人民共和国有关饲料卫生标准(GB 13078—2001)的规定和中华人民共和国有关饲料添加剂的规定。

表5-7为中华人民共和国饲料卫生标准中有害物质及微生物

的允许量。

表 5-7　猪配合饲料中有害物质及微生物的允许量

序号	项　目	适用范围	允许量	备　注
1	砷（以总砷计）（毫克/千克）	配合饲料	≤2.0	
		浓缩饲料	≤10.0	以在配合饲料中 20 %的添加量计
		添加剂预混合饲料	≤10.0	以在配合饲料中 1%的添加量计
2	铅(以 Pb 计)（毫克/千克）	配合饲料	≤5	
		仔猪、生长肥育猪浓缩饲料	≤13	以在配合饲料中 20 %的添加量计
		仔猪、生长肥育猪复合预混合饲料	≤40	以在配合饲料中 1 %的添加量计
3	氟（以 F 计）（毫克/千克）	配合饲料	≤100	
		添加剂预混合饲料	≤1000	以在配合饲料中 1 %的添加量计
4	霉菌（每克产品中霉菌数×10^3个）	配合饲料、浓缩饲料	<45	
5	黄曲霉毒素 B_1（微克/千克）	仔猪配合饲料及浓缩饲料	≤10	
		生长肥育猪、种猪配合饲料及浓缩饲料	≤20	
6	铬(以 Cr 计)（毫克/千克）	配合饲料	≤10	
7	汞（以 Hg 计）（毫克/千克）	配合饲料	≤0.1	

续表 5-7

序号	项　目	适用范围	允许量	备　注
8	镉(以 Cd 计)(毫克/千克)	配合饲料	≤0.5	
9	氰化物(以 HCN 计)(毫克/千克)	配合饲料	≤50	
10	亚硝酸盐(以 $NaNO_2$计)(毫克/千克)	配合饲料	≤15	
11	游离棉酚(毫克/千克)	生长肥育猪配合饲料	≤60	
12	异硫氰酸酯(以丙烯基异硫氰酸酯计)(毫克/千克)	生长肥育猪配合饲料	≤500	
13	六六六(毫克/千克)	生长肥育猪配合饲料	≤0.4	
14	滴滴涕(毫克/千克)	配合饲料	≤0.2	

四、配合饲料的质量控制

配合饲料生产的目的是按照猪的营养需要，通过科学配制日粮，实现饲料的全价化，以保证其有较高的生产性能。在规模化生产过程中，使用优质配合饲料可以大大提高猪群的生产水平。由于饲料成本占养猪生产总成本的70%以上，对于大批量使用配合饲料的生产者来讲，配合饲料质量的安全性与其经济效益密切相关，劣质饲料可能会造成重大的经济损失。因此，加强配合饲料的质量管理是确保猪群安全、高效生产的基本措施之一。合格的原料、规范化的生产、妥善的贮藏和运输可确保配合饲料的质量安全。

（一）配合饲料原料的质量控制

饲料原料质量是饲料质量的基本保证，只有合格的原料，才能生产出合格的成品。采购原料时首先要注意质量，不能只考虑价格，在运输、装卸过程中，要防止不良环境（潮湿、高温等）对原料质量的影响，防止包装破损及原料的相互混杂。原料接收后，必须合理贮存，必要时进仓前应进行清理除杂。在投料前，必须进行严格的核实，以防误投或错投原料，造成原料混杂而生产出不合格的饲料。此外，对饲料要进行定期的检查和清理，以防饲料原料在仓中结块或发生霉变等影响质量。

1. 主要原料的质量控制

（1）玉米　由于产地、品种不同，粗蛋白质含量变动很大，同一产地内也有5%的上下变动，玉米蛋白质含量虽然低，但配合比例大，对配合饲料设计成分的影响很大，应加以注意。另应考虑水分含量及黄曲霉毒素的含量。

（2）高粱　粗蛋白质含量变动也很大，其粗蛋白质含量比玉米高0.5%左右，但有时则低于玉米的含量，应当注意。

（3）植物性油脂饼粕　由于品种的不同，粗蛋白质含量也有差异，对壳和籽实容易分离的棉籽饼（粕）、葵花籽饼（粕）等粗蛋白质含量差异大。从安全性方面，应注意棉籽饼（粕）等残余有毒有害物质，如黄曲霉素、甲状腺肿大物质等。

（4）动物性蛋白质原料　在购入时应进行细致的检查核对，在营养成分上应特别注意掺假问题，尤其是鱼粉掺假问题十分突出，应重点注意检查是否掺有羽毛粉、尿素等。同时注意沙门氏菌的污染。

(5)其他原料　有的动物油脂、植物油含有约2～3毫克/千克聚氯联苯,应加以注意。对磷酸氢钙还要考虑含氯量的问题。经检查合格的原料,要注意妥善保管。

2. 原料贮存的质量控制　原料在贮存过程中,应保持贮存库适宜的温湿度,加强仓库设备的管理。

温度是造成昆虫孳生的条件,当温度在15.5℃或以下时,昆虫繁殖很慢,甚至停止,当温度达到41℃或以上时,亦不易存在。最适宜昆虫繁殖的温度是29℃左右,昆虫的生活周期约30天,繁殖非常快,因此,发现害虫时,可用熏蒸法消毒。

湿度的变化与霉菌的繁殖有密切的关系,随湿度的提高,霉菌迅速繁殖,并使贮存库温度及湿度均提高,随之霉味及酸味相继出现,原料可出现结块、发黑现象。因此,仓库内湿度以控制在65%以下为宜。原料中的养分在光线的直接照射下会发生变化,光线具有催化作用,常引起脂肪氧化,破坏脂溶性维生素,使蛋白变性,要避免直射阳光进入贮存库。原料在贮存时,水分应低于13%,13%以下可抑制大部分微生物的生长,10%以下可以减少昆虫的孳生。

(二)配合饲料生产过程的质量控制

1. 粉碎过程的质量控制　粉碎机操作人员应经常注意观察粉碎机的粉碎能力和粉碎机排出的饲料粒度。粉碎机粉碎能力异常,可能是因为粉碎机筛网已被打漏,饲料粒度则会过大。如发现有整粒谷物或粒度过粗现象,应及时停机检查粉碎机筛网有无漏洞或筛网错位与其侧挡板间形成漏缝,若有问题应及时清理。经常检查粉碎机有无发热,如有发热现象,应及时排除可能存在的粉碎机堵料现象。观察粉碎机电流是否过载。

2. 配料系统的质量控制　配料的准确与否,对饲料质量关系重大，操作人员必须严格按配方称量。目前大中型饲料厂基本上都采用微机控制的电子秤配料，可完全满足生产配合饲料的要求。配料时为了减少“空中量”对配料精度的影响，容重比较大的应该用小直径（或低转速）的配料搅龙给料；配料顺序上应先配大料，后配小料；配料时要尽量考虑到对秤斗对称下料，以免过分偏载影响电子秤的精度；电子秤的精度要定期校验。人工称量配料时，尤其是预混料的配料，要按正确的称量顺序，并进行投料前的复核称量。在工艺设计和设备选用上，进配料仓的料最好用旋转式分配器输送，这样就可避免搅龙中留有残留或发生窜仓，而影响进仓料的实际量，同时增加配料误差。

3. 混合过程的质量控制 混合是饲料生产中将配合后的各种物料混合均匀的一道工序，它是确保饲料质量和提高饲料效果的重要环节。国家标准规定配合饲料、浓缩料变异系数≤10%，预混合料≤5%。

(1)适宜的装料 不论对于哪种类型的混合机，适宜的装料对保证混合机正常工作，达到较高的混合质量尤为重要，如卧式螺带混合机的充满系数一般在0.6～0.8较为适宜。

(2)混合时间 混合时间不宜过短，但也不能过长。混合时间过短，物料在混合机内没有得到充分混合，影响混合质量；时间过长，会使物料因过度混合而造成分离，同样影响质量。

(3)投料顺序 一般量大的组分先加或大部分加入机内后，再将少量或微量组分置于物料上面；粒度大的物料先加，粒度小的后加；比重小的物料先加，比重大的后加。

(4)避免分离 采用添加油脂的方法，保持粒度尽量一致。混合均匀后的成品饲料应尽量减少装卸次数、缩短输送距离等。

4. 制粒过程的质量控制 要经常检查和维护制粒机。每班清理一次制粒机上的磁铁，清除铁质；检查压模、压辊的磨损情况，以及冷却器是否有积料。定期检查破碎机辊筒纹齿和切刀磨损情况;检查疏水器工作状况,以保证进入调质器的蒸汽质量。每班检查分级筛筛面是否有破损、堵塞和粘结现象,以保证正常的分级效果。其次要控制调质过程。制粒前的调质处理,对提高饲料的制粒性能及颗粒成型率影响极大。一般调质器的调质时间为10~20秒,延长调质时间,可提高调质效果;要控制蒸汽的压力及蒸汽中冷凝水的含量,调质后饲料的水分在16%~18%,温度在68℃~82℃。

颗粒饲料生产率的高低和质量的好坏,除与成型设备的性能有关外,很大程度上取决于原料成型性能和调质工艺。调质时要求提供干饱和蒸汽,锅炉蒸汽压力应达到0.8兆帕,输送到调质器之前,蒸汽压力调节到0.21~0.4兆帕。调质后饲料的水分在15.5%~17%,温度80℃~85℃。调质时间直接影响物料的调质效果,一般不应低于20秒,但适当延长时间可提高调质效果。压粒时根据配方原料的不同,选用不同厚度的压模。热敏度高的原料(如乳清粉)、纤维物质及无机盐含量高的饲料,应选用较薄型压模,而油脂、淀粉含量高的饲料,宜选用较厚型的压模。压模与压辊的间隙控制在0.2~0.5毫米之间,并注意随时调整,不同的产品需要不同的间隙。更换新环模时,必须对内孔进行研磨后方可使用。颗粒冷却时注意调节冷却系统的风量、冷却时间。确保颗粒含水量控制在安全水分范围内,料温不高于室温5℃为宜。

(三)配合饲料成品的质量控制

成品配合饲料的贮运对其质量亦有影响。饲料在库房中应码放整齐,按"先进先出"的原则发放饲喂;同一库中存放多种饲料时,要留出一定的间隔,以免发生混料或发错料。保持库房的清洁,仓库要有良好的防潮、防鼠、防虫、防火条件。

预混料中的某些活性成分应避光、低温保存,品种较多时,应严格分开,成品应贮藏在干燥、避光、通风条件好的库房中,必要时要安装温控装置，做到低温保存。饲料在运输过程中要防止雨淋、日晒。

饲料包装中，首先检查包装秤是否正常工作，其设定重量应与包装要求的重量一致，核查被包装的饲料和包装袋及标签是否正确无误，要保证缝包质量，不能漏缝和掉线。

主要参考文献

1. 中华人民共和国农业行业标准:猪饲养标准(NY/T 65—2004). 北京:中国农业出版社,2005.

2. 郭艳丽编著. 饲料添加剂预混料配方设计与加工工艺. 北京:化工出版社,2003.

3. 王克健,滚双宝. 猪饲料科学配制与应用. 北京:金盾出版社,2005.

4. 蔡辉益主编. 饲料安全及其检测技术. 北京:化学工业出版社,2001.

5. 李文英编. 猪饲料配方 700 例(修订版). 北京:金盾出版社,2007.

6. 赵书广主编. 中国养猪大成. 北京:中国农业出版社,2001.

7. 陈润生主编. 猪生产学. 北京:中国农业出版社,1995.

8. 王和民,叶浴俊. 配合饲料配制技术. 北京:中国农业出版社,1990.

9. 陈代文主编. 养猪关键技术. 成都:四川科学技术出版社,2003.

10. 周安国主编. 饲料手册. 北京:中国农业出版社,2002.

11. 滕 勇,经荣斌. 早期断奶仔猪的营养需要研究进展. 黑龙江畜牧兽医. 2003(1):44—46.

12. 徐孝义. "二版"猪饲养标准的特点. 养猪. 2006(2):1—5.

13. 燕富永,孔祥峰,印遇龙. 猪赖氨酸营养研究进展. 饲料工业. 2007(17):16—18.

14. 李德发．现代饲料生产．北京:中国农业出版社,1998.

15. 王成章．饲料学．北京:中国农业出版社,2003

16. 张子仪．中国饲料学．北京:中国农业出版社,2000.

17. 韩仁圭,李德发,朴香淑编著．最新猪营养与饲料．北京:中国农业大学出版社,2000.

18. 王恬．高效饲料配方及配制技术．中国农业出版社,2000.

19. 梁邢文,王成章,齐胜利主编．饲料原料与品质检验．北京:中国林业出版社,1999.

20. 农业部畜牧兽医司等主编．饲料工业标准汇编上、下册．北京:中国标准出版社,2002.

21. 王康宁编著．畜禽配合饲料手册．四川科学技术出版社,1997.

22. [美]国家研究委员会．猪营养需要．谯仕彦等译．中国农业大学出版社．1998.

23. 柴磊．中小型饲料厂饲料品质检验及管理探讨．河南畜牧兽医．2005(5):36—37.

24. 赵毅牢,刘亚明,常秉文．配合饲料加工过程中的质量控制．饲料工业．2005(1):4—5.

25. 饶应昌等．饲料加工工艺．北京:中国农业出版社,1998.

26. 宿坤根．生产高质量饲料应采取的技术措施．中国饲料．1999(22):26—28.

金盾版图书，科学实用，
通俗易懂，物美价廉，欢迎选购

优良牧草及栽培技术	7.50元
北方干旱地区牧草栽培与利用	8.50元
牧草种子生产技术	7.00元
牧草良种引种指导	13.50元
草地工作技术指南	55.00元
草坪绿地实用技术指南	24.00元
草坪病虫害识别与防治	7.50元
草坪病虫害诊断与防治原色图谱	17.00元
饲料贮藏技术	15.00元
饲料青贮技术	5.00元
农作物秸秆饲料微贮技术	7.00元
农作物秸秆饲料加工与应用(修订版)	14.00元
青贮饲料加工与应用技术	7.00元
中小型饲料厂生产加工配套技术	8.00元
常用饲料原料及质量简易鉴别	13.00元
饲料添加剂的配制及应用	10.00元
饲料作物良种引种指导	4.50元
饲料作物栽培与利用	11.00元
菌糠饲料生产及使用技术	7.00元
配合饲料质量控制与鉴别	14.00元
中草药饲料添加剂的配制与应用	14.00元
城郊农村如何发展畜禽养殖业	14.00元
养殖畜禽动物福利解读	11.00元
实用畜禽繁殖技术	17.00元
畜禽营养与标准化饲养	55.00元
畜禽养殖场消毒指南	8.50元
猪配种员培训教材	9.00元
猪人工授精技术100题	6.00元
猪人工授精技术图解	16.00元
怎样提高规模猪场繁殖效率	18.00元
猪良种引种指导	9.00元
猪饲料科学配制与应用	11.00元

以上图书由全国各地新华书店经销。凡向本社邮购图书或音像制品，可通过邮局汇款，在汇单“附言”栏填写所购书目，邮购图书均可享受9折优惠。购书30元(按打折后实款计算)以上的免收邮挂费，购书不足30元的按邮局资费标准收取3元挂号费，邮寄费由我社承担。邮购地址：北京市丰台区晓月中路29号，邮政编码：100072，联系人：金友，电话：(010)83210681、83210682、83219215、83219217(传真)。